U0316052

炼焦煤性质
与
高炉焦炭质量

Properties of Coking Coal

and

Quality of Coke for the Blast Furnace

周师庸 赵俊国 著

北 京

冶金工业出版社

2005

图书在版编目(CIP)数据

炼焦煤性质与高炉焦炭质量/周师庸，赵俊国著.
—北京:冶金工业出版社，2005.6
ISBN 7-5024-3735-5

Ⅰ.炼…　Ⅱ.①周…　②赵　Ⅲ.①焦煤—性质
②焦炭—质量　Ⅳ.TQ52

中国版本图书馆 CIP 数据核字(2005)第 038622 号

出版人　曹胜利（北京沙滩嵩祝院北巷 39 号，邮编 100009）
责任编辑　章秀珍　美术编辑　李　心
责任校对　侯　珺　李文彦　责任印制　牛晓波
北京兴华印刷厂印刷；冶金工业出版社发行；各地新华书店经销
2005 年 6 月第 1 版，2005 年 6 月第 1 次印刷
148mm×210mm；8.25 印张；229 千字；6 插页 239 页；1－3000 册
29.00 元

冶金工业出版社发行部　电话：(010)64044283　传真：(010)64027893
冶金书店　地址：北京东四西大街 46 号(100711)　电话：(010)65289081
（本社图书如有印装质量问题，本社发行部负责退换）

前　言

　　本书是作者近 20 年来持续在煤焦和炼铁领域进行科研工作的总结。本书内容共分九章：第 1 章主要从煤的成因因素出发，讨论标志各种成因因素作用程度的最佳指标和评述现行炼焦煤质量各种指标的优缺点，并对标志炼焦煤的第三成因因素指标作了研究和探讨。第 2 章以不同变质程度炼焦煤的各种煤岩显微组分为对象，详述其在加热过程中的动态和其各自所形成衍生物在镜下形态及其光学特征，以及其对最后形成焦炭质量的影响。第 3 章叙述焦炭在高炉中的作用和一系列化学反应，以及焦炭在高炉中劣化因素、劣化过程和富氧喷吹煤粉对焦炭劣化的影响。第 4 章研究大高炉不同喷吹煤粉水平下，不同断面位置的风口焦和其相应入炉焦各种常规和非常规检测指标的对比，从而推测焦炭在高炉中性质变化的规律。第 5 章研究风口所喷煤粉在回旋区未燃尽残炭和从高炉顶逸出残炭的数量和性状，从而推断高变质程度无烟煤和低变质程度烟煤各种煤岩显微组分在风口回旋区燃烧的性状和其随气流上升到炉体的经历对高炉生产和高炉中焦炭的影响。第 6 章叙述创建模拟高炉软融带碳溶反应条件的大型高温反应炉和确定操作条件的过程，以及确定模拟性的首要条件，并对 9 种不同变质程度炼焦煤所得焦炭和 9 种配以不同数量强黏结性煤的配煤方案所得焦炭进行大型高温反应炉系列试验，从而得出各类焦炭在有碱和无碱存在下碳溶反应的各自规律。第 7 章是基于前 6 章所述的科研结果和生产效果，提出现行焦炭质量指标 $M40$，$M10$，CRI 和 CSR 对焦炭在高炉中劣化的模拟性不够完善，并有可能因此形成错误导向，致使企业提高焦炭原料成本和国家的炼焦煤资源不能获得应有的合理利用。如果这一论点是客观存在的，有科学依据的，随之必然要对传统配煤技术概念提出更新的必要性。第8章是针对目前国内炼焦煤和焦炭市场情况，和对焦炭质量概念上不统一的现状，以及实行稳定焦炭质量和预测焦炭质量技术上的难处，提出较为简便可行的办法，以期对上述现状有所改观。第9章列述目前与炼焦煤和高炉焦炭有关领域的各种现状，并提出煤焦科研工作应承担的任务。

　　本书所涉及的科研工作曾有许多人员参与合作，本单位有：周淑仪、徐君、赵俊国、奚白、叶菁、袁庆春、郭继平、王国岩、白金锋、王成文诸位老师和我的研究生白瑞成、刘晓瑭、童昕、王建华、赵忠夫、徐国忠；企业的合作人员主要有：吴信慈、徐万仁、吴九成、燕瑞华、陈实、孙克慧、付兵、史伟、陈德浩、毛清龙、梁尚国等专家，特此致以衷心的感谢。

　　在本书涉及的历年科研工作的过程中，曾得到原冶金部副部长周传典（炼铁专家），原冶金部钢铁司总工程师徐矩良（炼铁专家）和副总工程师董海（炼焦专家）的支持和帮助，董海还对全书初稿做了细致的审阅，并提出许多宝贵意见，于此一并致以深切的谢意。

　　本书是由鞍山科技大学学术专著、译著出版基金资助出版。

周师庸

2005 年 5 月 6 日

目　　录

附图片

一、煤岩显微组分图片（11 张）

Contents

Contents

Enclose Photograph

　1. Micro Photograph of Macerals, 11 Sheets

　2. Micro Photograph of Fluorescence of Macerals,8 Sheets

　3. Micro Photographs of Spraying Coal Sample, 4 Sheets

　4. Micro Photographs of Coke Micro-Texture , 6 Sheets

　5. Micro Photographs of Remnant Carbon Microstructure,18 Sheets

　6. Micro Photographs of Coke Dust, Carbon, Carbon Black and ore Dust, 6 Sheets

　7. Micro Photographs of Dai Tong Coal Block in Jurassic ,7 Sheets; Photos of Coke from Dai Tong Coal Block in Jurassic under Scan Electron Microscope, 2 Sheets

1 炼焦煤性质剖析及其指标评述

　　决定高炉焦炭质量的因素很多，但在现行箱式焦炉的生产中，在诸多因素已固定的条件下，焦炭质量主要取决于原料煤性质。因此，深入掌握炼焦煤性质，历来是炼焦工作者的一项重要任务。

　　煤是一种世界上少有复杂的物质。绝大多数的炼焦用煤是处于烟煤变质阶段的腐植煤。为了深入掌握炼焦用煤的性质和其随着煤的变质程度提高的变化规律，从煤的成因因素入手，会对炼焦煤的性质得出较清晰的概念。

　　决定煤性质的成因因素分属两个成因阶段，即地球生物化学作用阶段和地球物理化学作用阶段（包括成岩作用）。对大多数煤而言，这两个成煤阶段的作用程度迭加起来已能较正确反映煤的性质，但并不完全如此，国内外大量实验证实有时尚有受第三成因因素的影响。各成因因素的作用程度，必须通过各相应指标来体现才会具有实用意义。因此，对各成因因素选择各相应指标，和对所选择指标的全面理解并正确运用就显得十分重要。

1.1　地球生物化学作用程度及其指标

　　地球生物化学作用即泥炭化作用。

　　在生物化学作用阶段，植物在泥炭沼泽、湖泊或浅海中不断繁殖、死亡，其遗体在微生物作用下，低等植物形成了腐泥，高等植物形成了泥炭。泥炭化过程大致分为两个阶段：第一阶段，植物遗体经氧化分解和水解作用，转化为简单的、化学性质活泼的化合物；第二阶段，分解产物相互作用进一步合成新的、较稳定的有机化合物,如腐殖酸、沥青质等[1]。这些新生成的物质和植物残骸中未分解或未完全分解的纤维素、半纤维素、果胶质和木质素,还有变化不多的壳质组分(如角质膜、树脂、孢粉等)共同形成了泥炭。

生物化学作用程度一般可用显微煤岩组分组成来标志(各种显微煤岩组分照片详见书后图片 1~11)。因在生物化学作用阶段以后,煤的煤岩组成已确定下来,在下一阶段的物理化学作用中,作用的深浅均不会改变煤岩组成,而只能使煤岩组分的变质程度提高。这里需要提出的一个问题是:煤中的苯环是原始植物中存在的,并非是成煤作用中合成的。它只会随着变质程度的提高,芳香稠环体系聚合度增大。为了使煤岩组成资料便于应用,以及在各种煤之间相互比较时更加直观,试图将它处理成一个简单的指标。一般采用惰性成分总含量 ΣI 或活性成分总含量 ΣVt 这个指标(前者尤为常用)。ΣI 的定义,长期以来都沿用前苏联的 И. И. 阿莫索夫(И. И. Ammocoв)的创议:

$$\Sigma I = F + M + 2/3SV$$

式中　　F——丝质组含量,% ;

M——矿物含量,% ;

SV——半镜质组含量,% 。

直至 20 世纪 80 年代,大量煤岩组分定量结果和焦炭显微结构组成定量结果的对比,以及对半镜质组在加热过程中变化行径的研究,对半镜质组定义作了修正,认为半镜质组划归为惰性组分较合理,也即 $\Sigma I = F + M + SV$。

ΣI 是一个独立的、不受其他成因因素干扰的指标。对于煤岩组成不均一或煤岩组成不稳定的煤,这是一个影响炼焦煤性质很重要的指标。可将它看作是煤在炼焦中一种固有的瘦化剂。

1.2　地球物理化学作用程度及其指标

地球物理化学作用即变质作用。植物遗体经过生物化学作用后转变成泥炭，泥炭当地壳下降时被其他沉积物所覆盖，在上层顶板沉积物的压力作用下，发生压紧、失水、胶体老化、固结等一系列变化形成了褐煤。褐煤层继续沉降到较深处，在不断增高的地温和压力作用下，煤的内部分子结构发生了重大变化：芳香稠环体系缩合程度提高，侧链逐渐减少、缩短，官能团不断减少，结构单元不断增大。渐渐顺次转变为烟煤、无烟煤、超无烟煤，甚至在特殊成因条件下，也会变成石墨[1]。

标志此阶段的变质程度一般用挥发分 V_{daf} 和镜质组平均最大反射率 $\bar{R}_{max}$ 来表示。因 V_{daf} 指标易受到煤岩组分组成和煤中无机矿物含量的干扰，故目前公认以 $\bar{R}_{max}$ 来标志煤的变质程度更合适。

在低变质阶段的煤，不同显微煤岩组分的 V_{daf} 差别很大，从高到低的次序为：壳质组(E) > 镜质组(V_t) > 丝质组(F)。丝质组含量高的煤，以 V_{daf} 标志其变质程度会比实际的偏高；相反，若壳质组含量高的煤则会偏低。随着变质程度的提高，各种显微煤岩组分的 V_{daf} 逐渐趋向相近，到焦煤阶段几乎近于一致；到无烟煤阶段，煤的 V_{daf} 值很小，且随变质程度提高变化更不明显。另外，无机矿物中的碳酸盐在检测 V_{daf} 指标加热过程中会分解析出 CO_2，在计算中将析出的 CO_2 量也归到 V_{daf} 中，因此，会使 V_{daf} 值比实际偏高。因此用 V_{daf} 作为变质程度的指标不够理想。这也是目前以 V_{daf} 为分类指标进行分类，在生产配煤中有时出现同一类煤（其 V_{daf}，y 值相近，甚至相同）在配煤中所起的作用迥异的原因之一。

镜质组的 $\bar{R}_{max}$ 按其测定方法就确定了它是一个不受干扰的独立指标。为什么要测定镜质组的 $\bar{R}_{max}$ 而不测定壳质组和丝质组的 $\bar{R}_{max}$ 呢？因为镜质组受变质作用的影响比较均匀，且灵敏；而壳质组在低变质阶段时，变质作用影响大，随变质程度提高，影响逐步减小；丝质组对变质程度的影响始终不灵敏，如图 1-1 所示。而且镜质组在炼焦煤中含量占绝对优势，对炼焦煤性质起决定性作用。

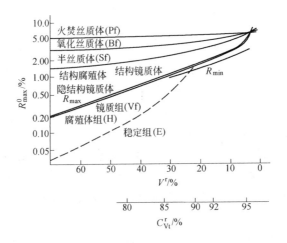

图 1-1　煤化过程中显微煤岩组分反射率的变化规律

过去也有以碳（C）含量作为变质程度的指标。以此为指标不但也有与 V_{daf} 相同的缺点，而且此指标不够灵敏，比 V_{daf} 更难精确区分煤的性质。因为镜质组、壳质组、丝质组的含 C 量从低到高的次序为壳质组＜镜质组＜丝质组，所以当煤岩组分含量不同时，也会对测出的 C 含量产生干扰。矿物中碳酸盐也同样会像干扰 V_{daf} 一样干扰测得的 C 值。而且当 C 含量达 90% 以上时，煤化学结构单元中稠环芳核中的苯环迅速剧增，也即含 C 量迅速剧增。故现已极少用 C 作为煤的变质程度指标。

在物理化学作用阶段，煤受地热、压力和时间的影响，变质程度提高，化学结构也发生了有规律的变化，即：（1）化学结构单元中稠环芳核不断增大。（2）芳核周边的含氧官能团逐渐消失。（3）烷基侧链缩短，并减小。（4）结构单元间的桥键减少。（5）交联键减少。（6）小分子从产生、增多到逐渐消失。从而导致了炼焦煤一系列性质的变化。变质作用实际上就是在上覆岩层压力下，低温的、长时期的隔绝空气干馏。

以上所述是区域变质作用的情况。世界上绝大多数煤田属于这一类。此外，尚有受火成岩热源影响的接触变质作用，受地壳运动影响的动力变质作用。这些作用影响所及的区域一般较小，但对炼焦煤性质影响却很大，有时竟会形成天然焦，甚至会毁掉煤层。

1.3 第三成因因素及其指标

前述成煤两个阶段中的作用程度已分别可由 ΣI 和 $\overline{R}_{max}$ 标志。炼焦煤的性质一般应能得到较精确的反映。对大多数煤来说，确是如此。然而，国内外都出现了两个煤的 $\overline{R}_{max}$，ΣI 相近，但炼焦中作用显著不同的多对炼焦煤。因此，普遍认为尚应存在第三种成因因素。前苏联的学者将此第三种成因因素称为还原作用，主要指成煤过程中无机矿物有催化作用。但对此，尚没有确切的定义和概念，处于众说纷纭状态。但第三种成煤因素的存在却是公认的。我国煤炭研究院西安分院的煤田地质工作者认为其主要原因是成煤原始材料的不同。认为两种煤的 $\overline{R}_{max}$，ΣI 相近，而炼焦性质差异大都是由于它们成煤年代不同，主要是中生代煤的成煤植物和古生代煤的成煤植物不同。

第三成因因素对炼焦煤性质的影响结果如下：两种炼焦煤的 $\overline{R}_{max}$，ΣI 相近，而第三成因因素作用程度不同的煤，则作用程度高的煤含 H 量较高，黏结性较强，焦油产率较高，重液分离时比重级长。尽管国内外对此均进行了大量工作，但迄今对第三成因因素尚没有确切的、可以用来标志、而且又实用的指标。为此，作者曾进行一个时期的研究，并将其列述于后。

1.4 常用炼焦煤黏结性指标评述

第三成因因素既然存在，则必须用一相应的指标来表示，即使不尽理想，但也需要有。目前，常用的黏结性指标均不同程度地与第三成因因素有关。但因对其干扰因素较多，而又普遍在应用。这就是本节拟提出评述的初衷。

炼焦煤的黏结性决定于变质程度、煤岩组成、第三成因因素和无机矿物含量等多种因素。也许正是由于它的优劣包含着如此多的影响因素，历来受到研究和生产应用方面的重视。同时，也正是由于这样的原因，历来各国曾经提出过众多的标志黏结性的指标。然而，几乎其中没有一个是被公认的、十全十美的。各国只是沿着各自的习惯选用其中的指标。以下只对目前尚在应用的指标加以评述，以期在应用中获得最佳效果。对于目前不再常用的坩埚自由膨胀序数、葛金指数，ИГИ 等不再赘述。

1.4.1　最大胶质层厚度（y）

此指标涵义是指煤在加热过程中，形成和消失胶质体过程中瞬间所产生胶质体的最大的量。这是由前苏联萨保什可夫发明。20 世纪 50 年代以来，在中国广泛应用，还一直作为炼焦煤分类的主要指标。

优点：（1）它是黏结性指标中唯一具有数量概念的指标；（2）取样 100g，是所有黏结性指标中取样量最多的。由于煤是不均一物质，样品多些易有代表性；（3）测定后，可供参考指标多。除最大胶质层厚度（y 值）外，有加热过程中样品的体积膨胀收缩图、软化点、固化点、可塑带、收缩率、焦块裂纹率；（4）胶质层厚度有大致的可加性。

缺点：（1）y 值只是数量概念，没有质量概念。有时 y 值虽相同，但质量却不同。因为胶质体是固相、液相、气相比例不稳定的混合物；（2）y 值在 7mm 以下测不准；图形为大山形的肥煤也测不准。我国长期以来，以 V_{daf}，y 为主要指标进行炼焦煤分类，有时在生产中出现有些煤在分类中的位置与其在炼焦中作用不符，此为其主要原因。

1.4.2　奥亚（Audibert-Arnu）膨胀度（b）

在奥亚之前，曾经过众多学者研究，使此指标基本定型，后来奥亚在此基础上使仪器、操作和指标更加规范化，并为很多国家普遍采用。

优点：（1）仪器和操作规范化强，易操作；（2）区分能力强；（3）以不同比例惰性成分混合，所得 b 值连线，必呈线性下降；（4）可测出可塑带温度范围。

缺点：（1）对强黏结性煤，b 值有夸大现象；（2）较高和较低变质程度煤均测不出 b 值，仅为仅收缩。而这两种类型煤虽均为仅收缩，但其在炼焦中作用却有较大差别，其中两者部分可软化成分的可塑带区间不同；（3）有一部分煤不能呈正常曲线，而呈流态塑性曲线（Fluid-Plastic Curve），如壳质组含量高的较低变质程度煤，如图 1-2 所示。

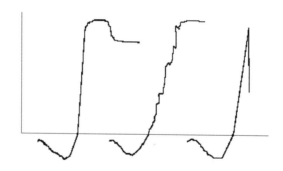

图 1-2　流态塑性曲线（Fluid-Plastic Curve）

1.4.3　基氏（Giesler）流动度（lg a）

日本、欧洲等国家多采用此指标，其优缺点如下：

优点：（1）区分能力强；（2）均能以数字表达；（3）可测出可塑带温度范围。

缺点：（1）强黏煤有夸大现象，主要原因为胶质体中气体含量高；（2）对加热过程中产生液相产物多的煤不易测准，例如强黏煤。

1.4.4　罗加（Roga）指数

此指标由波兰学者罗加（Roga）提出，其优缺点如下：

优点:(1)指标可表达煤对惰性物黏结的直接概念;(2)操作规范;(3)设备简单。

缺点:(1)对黏结性过低和过高的煤,均缺乏区分能力。如:黏结性低的煤,测不准。黏结性高的煤,不灵敏,区分性不强;(2)需符合要求的标准无烟煤,否则会影响测值。

1.4.5　黏结指数（G 值）

此指标为我国煤炭科学研究院煤化学研究所提出:

优点:它是在测定罗加指数方法的基础上加以改进的,在一定程度上校正了罗加指数上述的第一项缺点。

缺点:(1)仍需应用符合要求的标准的无烟煤;(2)由于其测定整个煤化系列煤的测定条件不完全相同,相互间缺少可比性。因此法将测定强黏结性煤,煤样粒度由 0.3~0.4mm 改为 0.1~0.2mm,煤样比表面积增大;测定弱黏煤由加 5g 标准无烟煤,改为加 3g 标准无烟煤,3g 弱黏煤,将惰性的无烟煤减少。整个炼焦煤系列测定的条件不完全相同。

上述罗加指数和黏结指数 G 的共同缺点均为需要符合要求的标准无烟煤。从以往长期的实践说明,性质恒定不变的无烟煤可能是不存在的。我国一向确定汝箕沟无烟煤矿的一个煤层为标准无烟煤的专用煤。但实际上每批标准煤均不一样,必须与前一批保留样作标定校正。国外曾有人试验以沙子作为惰性物,但沙子必须粒度组成恒定,即比表面积恒定。实际应用时,也仍需应用体积校正系数。董海曾设想用氧化铝取代无烟煤,认为氧化铝成分比沙子稳定。

图 1-3 为 y 值和 G 值随以 R_{max} 标志煤变质程度的变化规律。图 1-4 为总膨胀度 $(a+b)$ 和基氏流动度 $\lg \alpha$ 随 R_{max} 的变化规律。由图可知,这些常用的黏结性指标均随变质程度提高大致呈抛物线变化规律。如果作成回归方程,离散度必定是不理想的。主要原因已如前述,即黏结性受多种因素的影响。

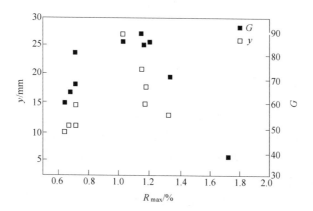

图 1-3 不同变质程度煤的 R_{max} 与 y 值和 G 值的关系图

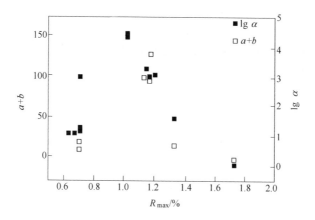

图 1-4 不同变质程度煤的 R_{max} 与
$a+b$ 和 lg α 的关系图

1.5 寻找第三成因因素指标

由于以上所述的黏结性指标，在实际应用中常出现一些无法解释的反常现象。主要原因是：它受不同煤岩显微组分组成的干扰。它们不是独立的成因因素。为探求能较合适的第三成因因素指标，从而提出容惰能力和荧光性质，并曾对此进行研究，现概述于下。

1.5.1 容惰能力

容惰能力[2]即容纳惰性成分的能力。它的测定方法是套用奥亚膨胀度试验设备和借鉴罗加指数对惰性黏结的直接概念。奥亚膨胀仪的设备和操作是经过很多研究者改进而成的，它具有很多前述的优点，如果能矫正前述的缺点，它确是标志煤黏结性的较好的指标。所提出的容惰能力既有效地矫正了奥亚和罗加的前述缺点，也保留了奥亚和罗加方法的前述诸多优点。

（1）测定方法：黏结性煤加不同量的惰性物质后，用奥亚膨胀仪测定其总膨胀度。如所加入的物质确系惰性，则以总膨胀度为纵坐标，以惰性物质配比为横坐标，作总膨胀度连线，恒为直线。如图 1-5 所示，容纳惰性物质能力包括容惰积、容惰率和最大容惰量三项指标。

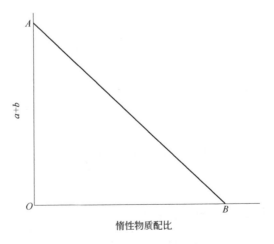

图 1-5 容纳惰性物质能力图

OA—总膨胀度；*OB*—仅收缩时惰性物质加入量，即最大容惰量

1）容惰积：

$$容惰积 = \frac{1}{2}OA \cdot OB$$

容惰积即 AOB 三角形的面积，它表示含一定惰性成分时，煤的黏结性指标。

2）容惰率：

$$容惰率 = \frac{OA}{OB}$$

容惰率即直线 AB 的斜率。它表示煤中加入1%惰性物质导致总膨胀度的下降值。它从另一个角度反映煤的性质。

3）最大容惰量：

最大容惰量 OB，即黏结性煤达到仅收缩时所需的最低惰性物质配比。

由这三项指标可知，容纳惰性物质能力实际上是一个从不同角度综合体现煤的黏结性的指标。

关于选择惰性物质的条件问题，D. W. Van 克兰凡林（D. W. Van Krevelen）[3] 的试验曾证明，不同惰性物质的性质对膨胀度不显示有影响，即使以砂子作为惰性物质配入煤中，对膨胀度的影响也是相同的。影响惰性物质的膨胀度主要是其总表面积，即对惰性物质必须控制其粒度和粒度组成。为使试验结果稳定，惰性物质的粒度应尽量控制在较窄的范围内。其次是惰性物质颗粒的形状因素。只要惰性物质固定，粉碎条件不变，惰性物质的形状因素大致是稳定的。按此确定试验用惰性物质的颗粒为 0.1~0.2mm 之间的汝箕沟无烟煤。

（2）优点：1）综合分析容纳惰性物质能力的三项指标，在一定程度上可以矫正某些煤的膨胀度夸大假象，如图1-6所示，4种中变质程度强黏结性煤，它们的总膨胀度和容惰积差别较大，但最大容惰量差别并不很大。而从生产实践中得知，这4种中变质程度、强黏结性煤的炼焦性质差别并不如它们的膨胀度差

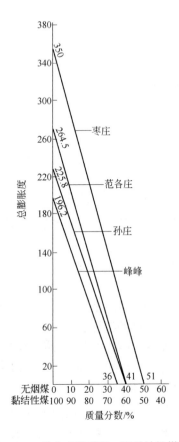

图 1-6 4 种中变质程度、强黏结性煤的
总膨胀度和容纳惰性物质能力的比较

别那么大。如作为预测焦炭质量指标之一，应用最大容惰量效果
最佳。也即说明，以此显示强黏结煤差别较客观，可矫正奥亚膨
胀度对强黏结性煤的夸大现象。

2）仅收缩的煤，有时在性质上存在较大的差别，但奥亚膨
胀度试验不能表达其差异，对炼焦煤阶段的仅收缩煤可分为如下
三类：

表 1-1 4 种中变质程度、强黏结性煤的总膨胀度
和容纳惰性物质能力的比较

项 目 煤 种	总膨胀度	容纳惰性物质能力		
		容惰积	容惰率	最大容惰量
枣 庄	350	8.930×10^3	6.87	51
范各庄	264.5	5.423×10^3	6.45	41
孙 庄	225.8	4.629×10^3	5.51	41
峰 峰	196.2	3.532×10^3	5.45	36

①处于较低变质阶段的烟煤，其中部分镜质组反射率低于某一界限时，属于惰性组分。仅由于其余部分的镜质组和壳质组的容纳惰性物质能力较低，煤中本身存在的惰性成分足以使其达到仅收缩的地步，这种类型一般收缩较大，如某些气煤类煤。

②处于较高变质阶段的烟煤，其中部分镜质组反射率高于某一界限时也是惰性的。也由于其余部分的镜质组的容纳惰性物质能力较低，煤中本身存在的惰性成分足以使其达到仅收缩的地步，这种煤一般收缩较小，如部分瘦煤。

③煤中镜质组均非完全惰性，但容纳惰性物质能力不强，当其内在惰性成分达到一定含量时，就会出现仅收缩现象，现行煤分类中某些弱黏结性煤和不黏结性煤即属于这一种类型。

这 3 种类型的仅收缩煤在配煤中的作用显然是有差别的。

应该指出：在炼焦煤阶段的煤出现仅收缩现象并不是真正的仅收缩，而是膨胀和收缩的总和是仅收缩。对于基本上完全是仅收缩的烟煤，如长焰煤、贫煤等，本不应从属于炼焦煤范畴。

测定属于炼焦煤范畴的仅收缩煤的容纳惰性物质能力的方法如下：按煤质不同，选择不同煤岩组分的富集方法。一般用筛选和比重差法，可使煤中惰性成分分离一部分出来，使余下部分的煤能出现总膨胀度值。然后加入不同量的分离出来的惰性成分富集的部分。这样同样可以得到一条总膨胀度呈直线的连线。此法进行过程中必须密切配合煤岩定量。

图 1-7 为一例子，仅收缩煤的惰性成分含量为 40%，分离出 10% 以上的惰性成分，余下部分的煤即出现总膨胀度值。经试验测得活性成分含 30% 惰性成分时出现仅收缩，并推算得平均煤样的总膨胀度为 -20。因此，该种煤的容惰积应为 (-20 × 10) /2 = -100；容惰率应为 20/10 = 2；最大容惰量应为 -10。这样，对于原来不能表达其差别的仅收缩煤，均可做定量的测定。

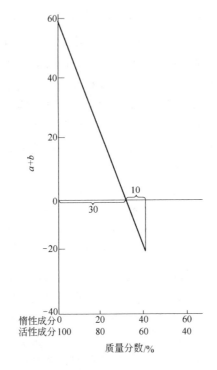

图 1-7　仅收缩煤的容纳惰性物质能力

对于煤中内在惰性成分和外加惰性物质对所测定的总膨胀度的效果是否一致的问题，D. W. Van 克兰凡林[3] 和我们[4] 曾做过试验，说明仅收缩煤和非仅收缩煤的容纳惰性物质能力的测定基本上是有可比性的。

3）对于变质程度较低，富含壳质组的煤，以及某些强黏结性的煤，由于在奥亚膨胀度试验时，往往出现不同程度的流态塑性曲线（Fluid-Plastic Curve），以致不能精确测得，有的甚至无法测得总膨胀度。这主要是因为煤在加热过程中形成的胶质体黏度太小和单位时间内析出气体量太大之故，这种煤在自然界是存在的。经洗选后的精煤，这种现象更为常见。从近年来国内所进行的炼焦煤分类的工作中，经奥亚膨胀度试验出现不同程度流态塑性曲线的有 45 个煤样。其中呈 S 形的 18 个；呈明显不光滑曲线形的 19 个；呈锯齿曲线的 8 个。如果经过显微组分分离，所得富集壳质组的样品还可能出现类似 ∧ 字形的曲线。很明显，对上述的煤用奥亚膨胀度试验是难以测得精确的总膨胀度的，但是用容纳惰性物质能力的测定方法仍然可以得到正常的容纳惰性物质能力的三项指标。因为加入不同量惰性物质后，即可得到一系列正常的膨胀度曲线[5,6]，亦即能获得正常的容纳惰性物质能力的三项指标。并且可以用外推法求得平均煤样的实际应得的总膨胀度。如图 1-8 所示，100% 平均煤样的奥亚膨胀曲线是流态塑性型的，不能测得精确的总膨胀度。但加 10% 以上的无烟煤即得一系列正常的膨胀度曲线，

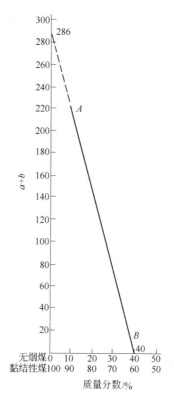

图 1-8　流态塑性型煤的容纳惰性物质能力和外推法求其总膨胀度

并由其总膨胀度连线得直线 AB，自 A 点向纵坐标外延，得该煤应得的总膨胀度为 286。

4）容纳惰性物质能力能综合地反应煤岩组成和第三成因因素。一个煤层通常变质程度总是稳定的（除了接触变质煤和煤层倾斜度特大的煤）。因此，容惰率通常也是稳定的。对于煤中惰性成分含量有的煤层稳定，有的不一定稳定。至于同一煤矿不同煤层的煤，变质程度相同或相似是常见的，而惰性成分含量不等的可能性却很大。此外，由于焦化厂所用的精煤一般总是由一个矿的几个煤层混合后洗选而得，而煤出矿时不会按一定的比例混合。因此，焦化厂不同批的来煤，其惰性成分含量有较大幅度波动也是常见的。容纳惰性物质能力不但用外推法可以推断 100% 活性成分的膨胀度和容纳惰性物质的各项指标，而且可以用内插法求得某种煤含任意量内在惰性成分时的容纳惰性物质能力的各项指标。只要惰性成分定量精确，求得容纳惰性物质能力的指标也是精确的。这就是为什么容纳惰性物质能力的指标可综合地反映煤岩组成和第三成因因素的缘故。

5）标志黏结性的总膨胀度有时并不能真实地反映煤黏结性的差别。容纳惰性物质能力能较真实地区别煤的黏结性。如图 1-9 所示，临焕煤和陶庄煤的总膨胀度几乎是相同的（各为 173.3 和 170.4），罗加指数和胶质层厚度也很相近，但实际的性质差别却较大，见表 1-2。用容纳惰性物质能力指标则能恰当地显示其差别，见表 1-3。

表 1-2　陶庄和临焕煤的性质和焦炭强度指标

项目 煤产地	Y/mm	罗加指数	$a+b$	焦炭转鼓试验	
				$M40$	$M10$
陶　庄	25.5	80.9	170.4	61.0	9.6
临　焕	26.0	83.2	173.4	80.6	7.0

表 1-3　陶庄和临焕煤容纳惰性物质能力的比较

项　目 煤产地	容纳惰性物质能力		
	容惰积	容惰率	最大容惰量
陶　庄	2.812×10^3	5.16	33.0
临　焕	4.075×10^3	3.69	47.0

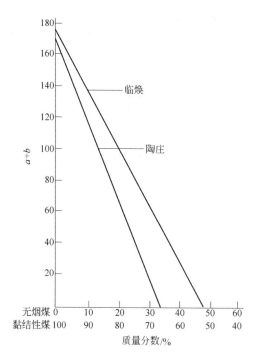

图 1-9　陶庄和临焕煤的容纳惰性物质能力比较

6）容纳惰性物质能力在焦化厂日常应用时简单易行，复核方便，并易于发现煤质变化的原因。对焦化厂某供煤基地每批来煤不需要经常实测容纳惰性物质能力的指标，只要取样制片作煤岩定量，即可在过去已做成的容纳惰性物质能力的图上得出煤的容纳惰性物质能力的指标。当然也可将来煤的惰性成分含量和总膨胀度在过去已作的容纳惰性物质能力图上进行复核，如发现所作总膨胀度与图上惰性物质含量相对应的总膨胀度超出误差范围，则应考虑煤的变质程度是否变化，或是否混进其他煤种，应重新取样作煤的容纳惰性物质能力。

7）用容纳惰性物质能力这一指标，有可能导出新的配煤方法。煤岩配煤的基本论点认为，要制得优质冶金焦，配煤必须以一定质量的活性成分与适当数量的惰性成分相配合。容纳惰性物质能力正是以惰性物质从不同角度来探讨煤或活性成分质量的一种方法。因此，有可能与煤岩配煤结合起来，成为其中的主要基础资料。

8）对于在配煤中出现用目前常规指标不能解释的问题，曾试用容纳惰性物质能力结合反射率分布图的方法，常都能得到满意的解释。

尽管容惰能力具有上述诸多优点，但测定容惰能力方法本身仍与其他黏结性指标一样，它不是一个独立的成因因素指标，仍不同程度地受其他成因因素的干扰，只是综合罗加指数和奥亚膨胀度各自优点，做了一些提高和改进。

1.5.2　炼焦煤的荧光性质

提出炼焦煤的荧光性质[15]的初衷，仍是为了继续寻求不受其他成因因素干扰的、独立的、能标志第三成因因素的指标。

煤的荧光性质是指在蓝光或紫外光等的照射、激发下，煤中显微组分在可见光区 400～700nm 发光的特性。据有关荧光特性的基础研究得知[7]，含有 π-电子的不饱和结构，如芳香化合物和共轭多烯是化合物发荧光的主要原因。运动的 π-电子通过吸收激发能量，从基态跃迁到较高能级轨道，当被激发的 π-电子回到基态时，就发出荧光。此外，也有报道，煤中能发荧光的基团如果浓度过大，会发生相互抑制现象而使荧光强度降低[7,8]。

煤的荧光性质除了用荧光色作定性描述外，尚有用以下几种参数来定量地表示[9]：在光波长为546nm处的荧光强度，相对荧光强度的光谱分布（荧光光谱），最大荧光强度时的波长λ_{max}，红光（650nm）和绿光（500nm）荧光强度的商Q，以及546nm荧光强度的变化过程等。但应用方面，以荧光强度FI（Fluorescent strength Index，以FI表示）为主。

对于煤的荧光性质的研究，目前国内外学者多侧重于煤中荧光强度高的壳质组，因为这些学者几乎均是从事煤田地质研究工作的，壳质组的荧光强度足以适应其研究目的需要。即使涉及到煤的工艺性能，也只限于寻找某些荧光指标与煤的某一黏结性指标之间的关系。至于企图将煤的荧光性质应用到煤加工利用中的基础工作和应用性研究，迄今未见报道。从煤的荧光性质的测定方法得知，它不受煤岩显微组分组成的干扰；它与煤的变质程度虽有一定关系，但却决不可互代。为此，作者曾对此进行了研究，希冀将它作为第三成因因素指标。

为进一步探明煤的荧光性质与煤的工艺性质之间的关系，从而企图应用到焦化领域中来，曾选用了不同变质程度的19种炼焦用的单种煤样进行荧光性质测定，这些煤样的镜质组最大反射率在0.67%～1.71%区间，基本上覆盖了整个炼焦煤变质阶段的煤种。它们产自我国不同地区，其成煤年代、成煤物质、成煤环境和条件不同。对中国炼焦煤有一定的代表性。通过研究，发现了如下规律：

（1）各种显微组分的荧光色及其变化规律：对这19种炼焦煤在蓝光激发下的观察结果表明，煤中镜质组、半镜质组、丝质组、壳质组分别显示出不同程度的荧光，它们的荧光色差别较大，如图片12～19所示。由于煤中各显微组分发荧光的能力不仅决定于成煤原始材料、煤化作用程度，而且与沥青化作用程度也密切相关，以下分述各显微组分荧光色变化规律。

1）镜质组。在蓝光激发下，炼焦煤镜质组的荧光色随变质程度提高的变化大致为：$\bar{R}_{max}$在0.70%左右时为棕黄色；1.0%左右时变为棕褐色；然后逐渐随变质程度提高，顺次为深褐色、黑褐色。在 $\bar{R}_{max}$ 约为 1.5% 以上时，镜质组与半镜质组、丝质组的荧光色的差别已不明显。

但是，在蓝光激发下，对镜质组的分辨能力却比普通反光下强。有些成分在普通反射光下显示为很均匀的镜质体，在蓝光照射下却显示出清晰的结构。如图片 14 为开滦唐山煤均匀镜质体中隐含树脂体的情况。其中的树脂体荧光色略比镜质体的浅，却十分接近。然而在普通反射光下它们之间不能辨认。

镜质组的荧光色与煤的工艺性质密切相关。图片 15 和图片 16 分别为枣庄矿务局魏庄煤和兖州南屯煤的镜质组（两个煤的 $\bar{R}_{max}$ 均为 0.67%），前者为黄色略带褐色，后者则为土褐色。它们的荧光色差别很大。这与其工艺性质的差异极相吻合。详见后面荧光强度的日常应用部分。

2）丝质组。炼焦煤中丝质组多数不发荧光，镜下为黑色。即使有，也很暗，多为黑棕色和黑褐色。

煤中发微弱荧光的丝质组可能是在泥炭化阶段经历过凝胶化作用的镜煤丝炭，或者是沥青化作用时有沥青质渗透进去的丝炭。因此，同一煤中丝质组发荧光的强弱也不同。图片 17 中左边的丝质体为黑褐色，而右边的则为深褐色。发荧光的丝质体在焦化过程中会显示出一定的活性[10]。但在普通反射光下却不能将它们区分开，只能均按惰性组分论。

随煤变质程度的提高，发荧光丝质组的荧光色同样会逐渐加深。火焚丝质体不发荧光，在蓝光照射下仍为黑色。

3）半镜质组。半镜质组的荧光色介于镜质组与丝质组之间（图片 12），并随煤变质程度增高而逐渐消失。

4）壳质组。壳质组是煤中荧光特性最显著的组分，其形态、结构在蓝光激发下均比普通反射光下清晰、易于分辨。在其共生镜质组 $\bar{R}_{max}$ 小于 0.9% 时，壳质组一般均为亮黄色，其荧光都远强于其周围的镜质组（图片 18）；当 $\bar{R}_{max}$ 为 1.0% 左右时，壳质组的荧光经大幅度的衰减，失去其原有的亮黄色，而呈杏黄色（图片 19）；到反射率为 1.3% 以上，壳质组的荧光色逐渐与共生镜质组的荧光色接近。

（2）各种显微组分的荧光强度及其变化规律，通过对 19 种煤的荧光强度测定，可得出如下规律：

1）显微组分的荧光色和荧光强度之间有明显规律，即荧光色深，荧光强度低；荧光色浅，荧光强度高。

2）单种煤镜质组的荧光强度变化与其 $\overline{R}_{max}$ 一样基本呈正态分布，例如图 1-10 为乌达五虎山煤镜质组的荧光强度与反射率分布图。很明显，虽均为正态分布，但不能互代。

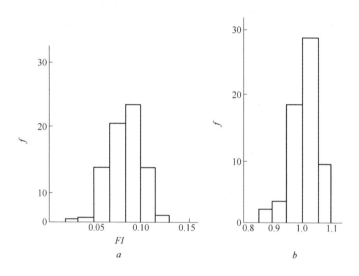

图 1-10 乌达五虎山煤镜质组的荧光强度和
反射率的分布图[15]
a—荧光强度；b—反射率

3）在同一种煤中镜质组的各种显微成分中，基质镜质体的荧光强度比均质镜质体的稍高；均质镜质体的荧光强度又比结构镜质体的稍高。这种趋势与它们的反射率变化的趋势相反。

　　以上规律与煤的成因因素密切相关。还原程度高的煤，一般凝胶化程度较高。如基质镜质体和无结构镜质体较镜质组中其他显微组分有较高的氢含量。在变质程度相同的情况下，显示出较强的荧光[11]。然而随变质程度提高，在普通反射光下各种镜质体的差异逐渐难以辨别，而此时它们的荧光强度仍可有差别。这些均说明煤的荧光性质就其成因因素而论，确与煤岩组成和标志变质程度的煤的镜质组反射率不同。

　　4）炼焦煤镜质组的荧光强度随变质程度的提高开始逐渐增大，约在 $R_{max} = 1.1\%$ 左右时达到极大值，然后减小如图1-11所示。这一趋势与文献中描述的二次荧光变化的规律是一致的。表1-4列出十九个煤样的各种煤岩分析数据，表中 FI_2 为各显微组分荧光强度的加权平均值。

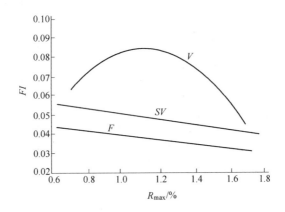

图 1-11　不同变质程度煤的镜质组（V）、半镜质组
（SV）、丝质组（F）的荧光强度（FI）

　　由图1-11还可以看出，半镜质组和丝质组的荧光强度都随其镜质组反射率的增大而逐渐减小，但减小幅度不大。煤中显微组分的荧光强度按壳质组、镜质组、半镜质组、丝质组的次序依次减小。此外，镜质组反射率达1.12%左右后，随变质程度增加，与其他各显微组分之间的荧光强度的差异减小。

表 1-4 19种煤样的反射率、煤岩组成和荧光强度测定结果[15]

序号	煤样名称	$\bar{R}_{max}$/%	煤岩组成/%					荧光强度（FI）				
			镜质组	半镜质组	丝质组	壳质组	矿物	镜质组	半镜质组	丝质组	壳质组	全组分 FI_2
1	枣庄局魏庄	0.67	70.6	3.6	14.0	8.2	3.6	0.175	0.081	0.054	0.597	0.190
2	兖州南屯	0.67	58.4	6.5	21.4	8.4	5.3	0.057	0.040	0.027	0.679	0.104
3	徐州夹河	0.72	49.7	5.0	26.4	15.8	3.1	0.073	0.045	0.042	0.681	0.163
4	北票台吉	0.76	62.3	8.0	16.8	9.5	3.4	0.086	0.044	0.036	0.561	0.121
5	抚顺龙凤	0.77	81.0	3.6	4.3	7.3	3.8	0.059	0.044	0.036	0.535	0.101
6	徐州权台	0.80	61.0	5.5	15.4	13.6	4.5	0.067	0.058	0.051	0.645	0.143
7	双鸭集乘矿"	0.80	81.2	3.5	8.4	4.5	2.4	0.070	0.055	0.043	0.526	0.088
8	二道河子	0.82	79.9	3.0	8.0	5.1	4.0	0.038	0.023	0.023	0.668	0.069
9	平顶山十矿"	0.89	52.7	7.5	20.2	13.4	6.1	0.092	0.060	0.052	0.478	0.136
10	开滦唐山	0.90	60.4	8.8	21.7	6.6	2.5	0.086	0.047	0.036	0.278	0.085
11	煤炭坝	0.90	51.6	11.9	25.0	5.3	6.2	0.081	0.042	0.030	0.163	0.067
12	霍县辛置	0.92	45.8	10.1	32.2	8.3	3.6	0.092	0.056	0.046	0.215	0.086
13	乌达五虎山	1.01	61.7	8.2	26.8	0.1	3.2	0.083	0.047	0.044	—	0.067
14	富强	1.27	92.2	0.4	2.7	0.1	4.6	0.086	—	0.040	0.130	0.085
15	观音堂张村	1.49	55.8	5.6	33.2	0	5.4	0.054	0.041	0.028	—	0.044
16	铜川东坡	1.54	60.3	7.2	24.8	0.2	7.5	0.058	0.039	0.036	—	0.051
17	包头阿刀亥	1.63	66.6	3.2	24.4	0	5.8	0.048	0.033	0.027	—	0.042
18	铜川金华山	1.64	54.9	7.2	34.3	0.2	3.4	0.049	0.037	0.027	—	0.040
19	石圪节	1.71	55.1	9.3	30.8	0	4.8	0.044	0.032	0.026	—	0.039

（3）荧光强度与某些黏结性指标有一定关系，但不能互相代替，图 1-12a、b、c、d 分别为镜质组的荧光强度与各种黏结性指标关系，即与奥亚总膨胀度 $a+b$、黏结指数 G、最大胶质层厚度 Y、基氏流动度 $\lg a$ 之间的关系。从图 1-12a 可见镜质组的荧光强度与奥亚总膨胀度 $a+b$ 无明显关系。但与 G、Y、$\lg a$ 三者之间有线性关系。这 3 个黏结性指标均在一定程度上反映了煤受热后起黏结作用的流动相的数量与质量。正是这部分流动相包含了在汞灯激发下产生二次荧光的物质[12,13]。因此，荧光强度在

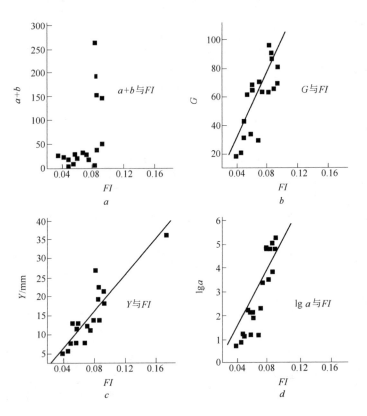

图 1-12 镜质组的荧光强度（FI）与黏结指标之间的关系[15]
a—a+b 与 FI；b—G 与 FI；c—Y 与 FI；d—lg a 与 FI

一定程度上可反映煤的黏结性。

然而，不难看出，图 1-12 中的曲线和直线（回归线）两侧的点与线都有较大的离散度。因此，可以认为炼焦煤的荧光强度与其黏结性有一定关系，但黏结性和荧光强度不能互相替代。

图 1-12b，c，d 中的回归关系式为：

图 1-12b，G 与 FI：

$$G = -13.2928 + 1056.5800FI; \quad R = 0.7980, \quad SE = 14.81$$

图 1-12c，Y 与 FI：

$$Y = -2.6593 + 234.4946FI; \quad R = 0.8979, \quad SE = 3.56$$

图 1-12d，$\lg a$ 与 FI：

$$\lg a = -2.88134 + 83.259FI; \quad R = 0.9296, \quad SE = 0.6127$$

（4）荧光强度的日常应用。用煤的荧光强度判别常规煤质指标反常的煤种是用其他指标所无法替代的。表 1-5 列出了三组变质程度相同（或相近），而焦炭质量差别很大的煤的黏结性，煤岩组成，焦炭强度和荧光强度的数据。图 1-13 为这 6 个煤镜质组荧光强度分布图。

表 1-5　三对变质程度相同而焦炭质量迥异煤的有关数据

组别	煤　样	$\bar{R}_{max}$/%	煤岩显微组分组成/%					
			镜质组	半镜质组	丝质组	壳质组	矿物	总惰量
1	枣庄局魏庄	0.67	70.6	3.6	14.0	8.2	3.6	20.0
	兖州南屯	0.67	58.4	6.5	21.4	8.4	5.3	31.0
2	北票台吉	0.76	62.3	8.0	16.8	9.5	3.4	25.6
	抚顺龙凤	0.77	81.0	3.6	4.3	7.3	3.8	10.5
3	双鸭集汞	0.80	81.2	3.5	8.4	4.5	2.4	13.2
	二道河子	0.82	79.9	3.0	8.0	5.1	4.0	14.0

组别	煤　样	Y	G	lg a	焦炭质量			荧光强度		
					M40	M10	F10	镜质组	半镜质组	丝质组
1	枣庄局魏庄	36	99.9	5.61	40.2	18.9	8.0	0.175	0.081	0.054
	兖州南屯	8	33.6	1.23	—	—	42.4	0.057	0.040	0.027
2	北票台吉	14	65.5	4.81	56.4	14.8	7.9	0.086	0.044	0.036
	抚顺龙凤	11.5	67.3	2.09	—	—	10.8	0.059	0.044	0.036
3	双鸭集汞	12.5	70	2.34	36.8	15.5	3.7	0.070	0.055	0.043
	二道河子	5.5	18.4	0.79	—	—	79.0	0.038	0.023	0.021

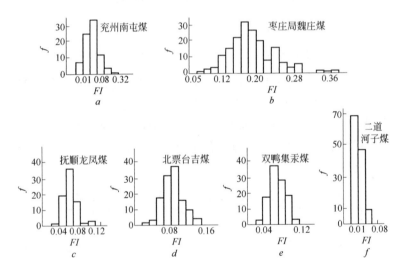

图 1-13　荧光强度（FI）分布图[15]

　　由表 1-5 和图 1-13 可见，每对煤中，凡其对应的焦炭强度高的煤，其荧光强度都明显的高于其另一个煤样的数据，而且其荧光强度分布也明显地宽些。三对煤中，尤以兖州南屯煤和枣庄矿务局魏庄煤这方面的差异最为显著（图 1-13a、b）。这两个煤的 $\overline{R}_{max}$ 均为 0.67%，而枣庄矿务局魏庄煤却显示出特别良好的黏结能力。它的最大胶质层厚度 Y、黏结性指数 G 和基氏流动度 $\lg a$ 都比兖州南屯煤高 $3 \sim 4$ 倍。其焦炭质量指标，$M40 = 40.2$，$M10 = 18.9$，而兖州南屯煤炼焦后没有大于 40mm 的焦炭，未经转鼓，焦炭筛分组成中 10mm 的量占 42.4%。与此相应，枣庄矿务局魏庄煤和兖州南屯煤镜质组的荧光强度分别为 0.175 与 0.057，对应的半镜质组和丝质组也表现出同样的荧光强度差异。

魏庄煤镜质组的荧光强度分布在 $0.06 \sim 0.36$ 之间，显微镜下观察，其荧光色从暗棕色到黄色，有的已接近壳质组，但又无壳质组的形态。该煤半镜质组与丝质组的荧光强度也十分明显地高于同等变质程度的兖州南屯煤。以上这些现象都表明，魏庄煤在成煤过程中可能经历了强烈的沥青化作用，使有些壳质组转变成了基质镜质体，有些则可能渗透到各种显微组分之中，使该煤表现出了强的荧光性与良好的黏结性。这些差异，用 $\overline{R}_{\max}$ 和煤岩组成二项指标是显示不出来的，因此，煤的荧光性质可以从成因上反映某些反射率和煤岩组成不能体现的煤的特性。

表 1-5 中双鸭集贡与二道河子煤是一组反射率与煤岩组成均十分接近的煤，它们的黏结性与荧光强度分别表现出与魏庄和兖州南屯煤之间的相同趋势。从表 1-5 可以看出，二道河子煤具有较同等变质程度煤低的荧光强度。它的黏结性也出奇的差，炼出来的焦炭中有 79.0% 小于 10mm。

北票台吉和抚顺龙凤这对煤与前面讨论的两对煤的情况又不太一样。这两个煤的反射率相同，黏结性指标差别也并不大，见表 1-5，而且焦炭强度差的龙凤煤从煤岩组成分析，其总惰性物含量还比台吉煤少 15%。但荧光强度较高的台吉煤，所得焦炭质量远比荧光强度低的龙凤煤的好得多。

综上所述，镜质组的荧光强度不仅当反射率和煤岩组成相似时能准确判别其焦炭强度的优劣，而且能判别黏结性相近两种煤的焦炭强度的差别。

（5）荧光强度作为预测焦炭质量一个自变量的效果：

焦炭强度是炼焦煤经热加工后所得残留物的主要机械性质，

它与煤的综合性质有关。炼焦煤的性质就其成因因素而言，目前公认首先决定于标志变质程度的镜质组平均最大反射率；其次是标志煤岩组成的惰性成分含量。此外，尚与煤的第三成因因素有关。对此，尚无公认有效的指标，我们试图以荧光强度作为第三成因因素指标，并以回归分析来判断它与焦炭强度的关系[14]。

以焦炭的 $M40$ 和 $M10$ 为因变量，以煤的 $\bar{R}_{max}$、ΣI、FI 为自变量作回归分析。经试算，发现一次回归分析的效果不如二次回归分析。因此，表 1-6 所列均采用两次回归分析结果，即十九个煤的 $\bar{R}_{max}$、ΣI、FI 计算所得二元和三元回归方程的相关系数（R）和方差（SE）。

表 1-6　焦炭强度与煤成因因素指标的两次回归分析结果[15]

序　号	因变量	自变量	方差 SE	相关系数 R
1	$M40$	$\bar{R}_{max}$	15.45	0.8209
	$M10$	I	8.59	0.4548
2	$M40$	$\bar{R}_{max}$	7.25	0.9657
	$M10$	I	6.33	0.7717
		FI_1		
3	$M40$	$\bar{R}_{max}$	10.01	0.9335
	$M10$	I	7.33	0.6773
		FI_2		

注：FI_1—镜质组平均荧光强度；FI_2—全组分平均荧光强度。

由表 1-6 可知，仅以 $\bar{R}_{max}$、ΣI 两个指标为因变量时，对 $M40$ 回归分析的 $R = 0.8209$，$SE = 15.45$；对 $M10$，$R = 0.4549$，$SE = 8.59$。加入镜质组的荧光强度（FI_1）后，对 $M40$，$R = 0.9657$，$SE = 7.25$；对 $M10$，$R = 0.7717$，$SE = 6.33$。显然，从相关性与回归分析的准确程度均有很大提高。由此可知，煤的荧光强度与煤第三成因因素至少应有密切关系。此外，在回归分析中，采用镜质组的平均荧光强度 FI_1，与采用全组分平均荧光强度 FI_2 为第三个自变量时，回归分析的效果略显差异。这一点有待今后重复验证，暂不作定论。

下面就上述关于荧光色和荧光强度的论述作一小结：

（1）炼焦煤的各显微组分的荧光色不同，随变质程度提高，镜质组的荧光色从棕黄、棕褐、黑褐顺次渐变；少数丝质组也有荧光色，一般为黑褐或黑棕色；壳质组的荧光色随变质程度提高，从亮黄到杏黄，然后逐渐与其共生镜质组的荧光色一致。此外，在普通反射光下不显示结构和形态的显微组分，有的在汞灯照射下，能清晰辨认其结构和形态。

（2）炼焦煤的荧光强度随荧光色变深而递减；单种煤镜质组中各显微成分的荧光强度随其凝胶化程度加深而降低；单种煤的镜质组荧光强度呈正态分布；炼焦煤的镜质组的荧光强度随变质程度提高，开始增大，到 $\bar{R}_{max}$ 为 1.1% 时达极大值，然后又递减。

（3）炼焦煤的荧光强度与大多数黏结性指标呈线性关系，但点与回归线间呈现大的离散度。这说明荧光强度与黏结性有密切关系，但黏结性并不能代表荧光强度。

（4）当某些炼焦煤的变质程度和煤岩组成指标相近，而其所得焦炭质量差别较大时，荧光强度可区分其差别；即使当同变质程度的炼焦煤的黏结性相近，而焦炭质量相差较大时，煤的荧光强度也随之有明显区别。

（5）用炼焦煤的成因因素指标来讨论其与焦炭质量关系时，以平均最大反射率（$\bar{R}_{max}$）和煤岩组成的总的惰性成分含量（ΣI）作二元二次回归分析，得 $M40$ 的相关系数为 0.8209，方差为 15.45；$M10$ 分别为 0.4549 和 8.590，当加入镜质组的荧光强度（FI_1）为自变量作三元二次回归分析时，$M40$ 的相关系数为 0.9657。方差为 7.25；$M10$ 分别为 0.7717 和 0.633，相关性和回归的准确度均有很大提高。由此，认为荧光强度至少应与煤的第三个成因因素有十分密切的关系。

需要着重说明的是，煤的荧光色和荧光强度不是煤的荧光性质的全部，已如前述。此外，煤的荧光性质还包括荧光光谱和红绿商等。下面对此作一简单介绍。

荧光光谱曲线是指试验中镜质组在波长为 500～757nm 间不同波长光的照射激发下所产生不同荧光强度的连线。它分为荧光强度的光谱和荧光强度百分值的光谱。前者是在汞灯照射下直接测得的数值，它在一定程度上受所用汞灯照射强度逐渐衰减的影响；后者是把荧光强度光谱曲线的最高点定为 100%，其余各点均以其百分数来表示。它不受汞灯照射强度逐渐衰减的影响。红绿商 Q 值是指煤中镜质组在波长为 650nm 和 500nm 照射激发下所得两个荧光强度之商。

下面简略介绍上述 19 种炼焦煤的荧光光谱和红绿商的研究结果：

（1）荧光强度光谱曲线的位置随着煤的变质程度变化有一定规律：$\bar{R}_{max}$ 小于 1.0% 的煤，其光谱曲线位置随其变质程度提高而上移；$\bar{R}_{max}$ 大于 1.0% 的煤，则随其变质程度提高而下移。

（2）当两种煤的变质程度和煤岩组成相似时，荧光强度光谱中绿光域的光谱段位置与其相应焦炭的耐磨强度 $M10$ 指标有密切关系。绿光域光谱曲线的位置高，其 $M10$ 值低，即抗耐磨强度良好；荧光光谱曲线的位置与煤的黏结性有密切关系，即曲线位置高的煤比曲线位置低的煤有较强的黏结性。

（3）用蓝光激发和用紫 + 紫外光激发测定的镜质组的荧光光谱曲线的类型不同，前者为两谷之间一小峰，即"W"形，后者为无峰有谷的"V"字形；对不同变质程度煤，前者相互间的差别比后者大，即区分能力比后者强。

（4）用紫 + 紫外光激发，对镜质组的 $\bar{R}_{max}$ 在 0.67%～0.89% 和 1.01%～1.71% 两个区间的煤，其荧光强度百分值光谱的最大值均出现在绿光域；$\bar{R}_{max}$ 在 0.89%～1.01% 区间的煤，荧光光谱的最大值出现在红光域。这说明煤中有机物质中能产生荧光的化学键的变化有一定规律，并与其黏结性变化规律相呼应，但不可能一致。因为测定的对象不同，前者是镜质组，后者是平均煤样。

（5）红绿商 Q 值与煤的变质程度的关系可分为两个阶段：

$\bar{R}_{max}$ 为 0.67% ~ 1.20% 区间，Q 值较高，$\bar{R}_{max}$ 为 1.20% ~ 1.71% 区间，Q 值随 $\bar{R}_{max}$ 提高而缓慢减小。

（6）用荧光性质各指标作自变量参与预测焦炭质量的逐步回归分析得出：以荧光性质各指标为第三个成因因素指标，$\bar{R}_{max}$ 和 ΣI 各为第一和第二成因因素指标来预测焦炭质量的 $M40$ 和 $M10$ 时，得出的二次多元回归分析的效果比下列指标为自变量时的预测效果佳：即与以 $\bar{R}_{max}$ 和 ΣI 的二次一元回归分析；$\bar{R}_{max}$，ΣI 的二次二元回归分析；$\bar{R}_{max}$，ΣI，Y 或 G 或 $a+b\%$ 的二次三元回归分析比较时。其最佳预测效果，对 $M40$，$R=0.9612$，$SE=4.1359$；对 $M10$，$R=0.8649$，$SE=4.1200$。

（7）通过逐步回归分析对荧光性质各指标的筛选结果为以蓝光激发下荧光强度百分值光谱围成的面积 FA，紫 + 紫外光激发下测得的红绿商 Q 值和荧光强度作为预测焦炭质量的自变量的效果最佳。其他荧光性质指标不宜参与预测，并认为这一指标就其测定方法而言具有独立性，基本上不受其他成因因素的干扰，可作为煤成因因素的第三个指标。

需要特别提出来的问题是：荧光性质虽具有其独特的、其他指标无法替代的优点，但目前却难以推广应用。主要不仅由于其操作要求高，设备昂贵，而且还由于所用进口汞灯灯泡价格高，致使其操作费用极高。目前，只能限于科研用。一旦符合规格的汞灯能国产化，才有可能推广应用。

1.6 特殊煤种的性质特点及其由来

1.6.1 热变质煤

热变质煤[1]的成因是由于煤在变质过程中除了地热外又叠加了另外的热源——岩浆。根据岩浆大小和其与煤层距离的远近可将岩浆变质作用分为区域热变质和接触变质两种类型：

（1）区域岩浆热变质作用亦称区域热变质、均匀热变质或远程岩浆热变质作用。这一般是由于隐伏的侵入体引起的。这种隐伏于地下深处的深层岩体离煤层或含煤岩系虽有一定距离，但由于岩浆巨大的热能，所形成的高温气流、液流的影响，使煤发生区域性变质，这种变质的特征为：

1）由于在区域地热场上叠加了岩浆热，故地热梯度明显异常。煤的变质程度取决于它距岩体的远近，并在垂直剖面中显示出明显的分带性，可呈环带状、串珠状或单一煤种高变质带等，这与岩体的大小、性质、状态等因素有关。

2）平面上，煤的变质程度由中心向外较快降低。

3）中心地带往往有热液矿化现象出现。

4）在化学性质上相当于深成变质的气煤到焦煤阶段的区域岩浆热变质煤，其光学各向异性有时却与深成变质煤的贫煤和无烟煤阶段相当。据物探工作查明，宁夏汝箕沟煤田的无烟煤就与地下深处有火成岩体的存在密切有关。

（2）接触变质作用。接触变质主要与浅成侵入岩有关。由于岩浆侵入，穿过或接近煤层或含煤岩系而使煤发生变质，接触变质具有以下特征：

1）岩浆接触煤层时，岩浆带来的高温、挥发性气体和压力使煤发生变质作用。其中，高温是促使煤变质的主要因素，这种快速加热在一定程度上与炼焦过程相似。因此，与侵入岩体相距很近的煤常变为天然焦。除天然焦外，受接触变质影响的煤，颜色变浅，灰分增高，挥发分降低，黏结性消失。越靠近侵入岩体，这种变化越明显。在与侵入体相距较近的镜质组中可见到气孔结构，这是镜质组经受高温熔融分解时析出气体造成的。此为接触变质煤的重要标志之一。

2）接触变质的影响范围不大，在受岩体热影响区域往往存在规模较小的局部煤质分带现象。这些煤质分带一般不大规则，宽度也不大，从数厘米到数十米不等。

1.6.2　残植煤

残植煤的特点是富集壳质组分。典型残植煤的壳质组分的含量一般可在50%～60%以上。残植煤常呈薄层或透镜状夹在腐植煤中，或与其逐渐过渡，但有时也能单独构成具有工业价值的煤层。残植煤光泽较暗，或有油脂光泽，韧性较大，化学工艺性质的特点是挥发分高、氢含量高、焦油产率高，与腐泥煤相近。根据残植煤的主要壳质组分的成分可分为角质残植煤、树皮残植煤、孢子残植煤和树脂残植煤等几种类型。最著名的是江西乐平煤田的树皮残植煤被称为乐平煤，闻名于世。形成残植煤需要有两个条件：一是成煤原始物质中壳质组分较多；一是有利于壳质组分富集的聚积环境。

1.6.3　腐植腐泥煤

（1）烛煤　烛煤易燃，燃烧时发出明亮的火焰，像蜡烛一样，故名烛煤。烛煤呈灰黑色或褐色，光泽比藻煤稍强，有时略带油脂光泽，具贝壳状断口，韧性大，致密块状。低灰分的烛煤相对密度约1.2，宏观与藻煤不易区别。显微镜下烛煤常具显微层理，含有少量藻类，或没有，小孢子较多，基质呈橙色或褐黄色，有时也有镜质组和丝质组碎片，以及少量角质膜碎片。

烛煤的挥发分、氢含量和焦油出率均较高，在煤层中常与藻煤互层，并互相过渡。我国山西、大同和山东新汶、兖州、枣庄等地均有烛煤。

（2）煤精　煤精产于抚顺。色黑，质轻，韧性大，呈致密块状，为雕琢工艺美术品原料。显微镜下观察煤精的特征是植物质经强烈分解，未见残留的木质纤维组织碎片，以腐植基质和絮状腐泥质基质为主。煤精的氢含量高于腐植煤，是一种特种的腐植腐泥煤。

1.6.4　受沥青化作用影响的煤

沥青化作用是指植物中抗氧化能力强的壳质组（如孢子、花粉、角质、树脂、树皮、藻类等）和由木质素、纤维素变化而来的镜质组在煤化过程中形成沥青质。这一作用从硬褐煤阶段开始，持续到早期肥煤阶段。硬褐煤演变到长焰煤过程中，壳质组里的含氧官能团脱氧而形成沥青质。沥青质多被镜质组吸收，小部分作为一种"渗出沥青体"充填在镜质组的裂隙中。

富含沥青质的煤常与海相或钙质沉积有关。其特点是含丰富的壳质组（包括藻类）和基质镜质组，黄铁矿和有机硫的含量较高，氢含量和焦油产率高，水分低，反射率低，荧光性强等。这些煤在炼焦时软化温度低，可塑性强，甚至在低煤化阶段就显示出良好的黏结性。显然，沥青化作用对于煤的某些特性，特别是黏结性有一定影响。

以上前 4 种特殊煤种，由于一般储量小，不是高炉焦炭原料的主流，但均可作炼焦配煤用。

1.6.5　不明原因，性质反常的炼焦煤

新疆艾维尔沟煤和阜康煤，按目前煤质指标分类的牌号与它在配煤炼焦中的作用不相吻合。前者属中变质程度强黏结性煤，但在配煤中，只能配用 10% 以下，否则，所得焦炭质量不能用于大型高炉；后者属低变质程度弱黏结性煤。在配煤炼焦中配用 30% 以上，所得焦炭仍可用于大型高炉。其原因待研究。对此，在第八章中还将列述。

参 考 文 献

1　周师庸. 应用煤岩学. 北京：冶金工业出版社，1985

2　周师庸，周淑仪. 烟煤容纳惰性物质能力. 炼焦化学，1984，6：4～8

3　D. W. Van Krevelen et al. Fuel, 1959, 38, 165～182

4　周师庸，周淑仪. 实用炼焦煤分类提案（内部资料）. 1980

5　葛世培，史美仁. 中国科学院煤化所报告集. 1963，3，22

6　C. Kröger et al, Brennstoff-Chemie. 1957, 38

7　陈国珍. 荧光分析法. 北京：科学出版社，1975，12～26

8　Rui Lin, Alan Davis. Org. Geochem. 1988, 12（4）：363～374

9　K. Ottenjann. Leitz Scientific and Technical Information. 1980, 3（8）：262～273

10　F. Claus, K. Diessel. Fluorometric analysis of inertinite. Fuel, 1985, 64（11）：1542～1546.

11　E. Stach. 斯塔赫煤岩学教程. 北京：煤炭工业出版社，1990

12　Rui Lin, A. Davis et al. Int. J. Coal Geology, 1986, 6: 215~228

13　A. Davis, Rui Lin et al. The Chemical and Tech No. Logical Significance of the Fluo-rescence of Coal Macerals（未发表）

14　周师庸等. 燃料与化工，1985，2（4）

15　周师庸等. 炼焦煤荧光色和荧光强度的研究. 第二届国际炼焦会议论文集，1992，77~79

2 炼焦煤各种显微组分在成焦中作用

　　煤加工利用一般都要运用不同的加热工艺手段，炼焦煤炼焦尤其如此。因此，洞悉不同变质程度炼焦煤的各种显微组分在加热过程中的动态和其在成焦中不同作用，从而掌握和运用其各自规律，对提高和控制焦炭质量无疑具有极其重要意义。

2.1　镜质组及其炭化后的衍生物

　　由于镜质组在炼焦煤中一般含量占绝对优势，炼焦加热过程中它能热解生成非挥发性液相产物，这种液相产物是黏结其他惰性组分使之形成块状焦炭的重要物质。所以镜质组本身的质量直接决定能否成焦和所形成焦炭的质量。因此，对镜质组本身的性质和其在加热中的变化，以及炭化后所形成衍生物的研究就显得特别重要。

2.1.1　镜质组性质

　　目前，能较完善地反映镜质组真实性质的两个指标是：平均最大反射率 $\overline{R}_{max}$ 和反射率分布[1]。

2.1.1.1　平均最大反射率 $\overline{R}_{max}$

　　$\overline{R}_{max}$ 是目前国际上公认标志煤的变质程度最佳的一个指标，它能综合地反映煤的化学结构。它随煤的变质程度加深不仅易于分辨，并显示有规律的变化。决定炼焦煤性质的首要成因因素是煤的变质程度。炼焦煤性质的序列，基本上是按其变质程度高低排列的。炼焦煤的变质程度指标一般已能确定由它炼成焦炭的大致质量框架。至于以炼焦煤中镜质组的$\overline{R}_{\max}$为变质程度指标的原因有三：一是镜质组随变质程度变化比其他煤岩组分有序而易于分辨；二是炼焦煤绝大多数为洗精煤，洗精煤中镜质组含量总是占绝对优势；三是决定炼焦煤所衍生的焦炭性质在很大程度上取决于其中镜质组的质量。但是任何一种炼焦煤中镜质组的反射率指标不是简单的一个数字，而是由一组正态分布的反射率数据组成。正态分布要经过处理才能使其作为一个指标来运用。$\overline{R}_{\max}$就是从反射率的正态分布曲线经数学处理后的平均最大反射率。因此，如果需要洞悉一个炼焦煤镜质组质量的细节，$\overline{R}_{\max}$还不能完全满足此要求，还需观察反射率分布图。因为有时相同的$\overline{R}_{\max}$数值，反射率分布有时也会有明显差别。只有综合运用$\overline{R}_{\max}$和反射率分布的特性才能较全面地掌握镜质组的质量。

2.1.1.2 反射率分布随炼焦煤变质程度提高的变化规律及其与黏结性的关系

任何炼焦煤中镜质组的反射率不是均一的，均呈正态分布。低变质程度煤的镜质组反射率，峰位高，分布区间窄，而且分布落在较低反射率区间；随变质程度提高，镜质组反射率分布区间增宽，并向反射率较高处移动，图2-1是6种不同变质程度炼焦煤的反射率分布曲线。黏结性最强的镜质组的反射率大致在1.1%左右。距离1.1%越远，黏结性越差，以致消失黏结性。因此，反射率过低或过高的镜质组会是没有黏结性的或极弱黏结性。也即气煤和瘦煤中有一部分镜质组是没有黏结性的。

2.1.2 镜质组软化性状的一般规律及其对成焦的影响

能结焦的炼焦煤中的镜质组在加热时会软化。在显微镜下观察，其软化性状包括颗粒变形和产生气孔。

不同变质程度的煤的镜质组软化性状是不同的：较低变质程度的镜质组一般先形成气孔，接着软化变形，然后颗粒膨胀。这

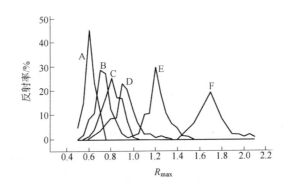

图 2-1   变质程度由低到高反射率分布图变化

A—老万，长焰煤（$\bar{R}_{max}=0.63$）；B—双鸭，气煤（$\bar{R}_{max}=0.75$）；

C—鹤岗，1/3 焦煤（$\bar{R}_{max}=0.83$）；D—范各庄，肥煤（$\bar{R}_{max}=0.94$）；

E—介休，焦煤（$\bar{R}_{max}=1.25$）；F—潞安，瘦煤（$\bar{R}_{max}=1.73$）

是因为低变质程度镜质组的结构单元的侧链长而多，含氧官能团多，热分解温度低，而且交联键也多，加热时不易生成滑动层片。而较高变质程度镜质组先软化变形，然后生成气孔。因其结构单元侧链短而少，热分解温度较高。同时它的交联键也相对较少，当受热后交联键基本断裂，产生滑动层片时，煤中镜质组侧链才开始分解。

镜质组的软化性状对最终产品的质量是有显著影响的。颗粒的软化和气孔形成，都能使颗粒间的空隙减小，直至消失，从而使颗粒间的接触面积增大，接触紧密。气孔内气体内压逐渐增大，迫使气孔扩大，使煤粒间表面接触进一步紧密，直至颗粒间界线消失。这些对颗粒表面之间的键合都是有利的。没有软化性状的镜质组在结焦过程中只起惰性的瘦化剂的作用。

2.1.3   目前有影响的两种成焦理论

这两种成焦理论实际上的对象都是对镜质组而言的。

2.1.3.1 中间相理论

A 小球体的发现[1]

G. H. 塔洛[2]（G. H. Taylor）研究澳大利亚新南威乐士的煤田的一个热变质煤层的镜质组时，发现该煤层受火成岩侵入的影响，按距侵入岩体的距离而建立了温度梯度，并因此使煤层形成了从煤到焦炭的各个阶段的炭化产物，其影响范围达几百米以上。塔洛在用显微镜观察一系列炭化产物时，发现某些部位的镜质组，在各向同性的镜质组中，出现直径为 1mm 左右的小球体。取其邻近的煤样在相应的塑性温度下进行炭化，也发现小球体，只是前者的直径较大，数量较多。他认为这是由于前者的加热速度慢、加热周期长的缘故。随着温度升高，小球体长大、聚集、融并，并在固化温度时形成各向异性程度不同的显微结构组成的焦炭。J. D. 布鲁克斯（J. D. Brooks）和塔洛[3]又将小球体分离出来，制成超薄片进行电子衍射测定，证实了最初提出的小球体结构模型。从光学性质来推断球内的分子排列，认为十分相似于向列型液晶。后来，他们进一步完善了小球体的概念，并作为各类沥青形成各向异性碳的机理的基础。

B 液晶和中间相

自从发现小球体以后，在炭化领域中就出现了液晶和中间相这两个术语。这两个涵义不完全相同的术语，在炭化领域往往混用。因此提供以下材料以便辨别。

1888 年就有人发现液晶的存在。液晶这一术语原来是指某些相对分子质量较高、分子结构较长的芳烃化合物，如胆甾醇苯酸酯（$C_6H_5COC_{27}H_{45}$），在一定温度范围内所呈现的中间状态。此时，由于分子排列有特殊的定向，分子运动有特定的规律，因而它既具有液体的流动性和表面张力，又呈现某些晶体的光学性质，如各向异性。如果温度高于液晶相的上限，则液晶就变成液体，上述的光学性质消失，成为各向同性液体；如果温度低于液晶相的下限，则液晶就变成晶体，失去流动性。液晶的上述转变

都是可逆的，其形成是物理过程。液晶按其分子排列方式分为 3
种类型：即近晶型、向列型和胆甾型。通常认为煤和沥青在炭化
过程中出现的液晶属于向列型液晶。

向列型液晶的分子排列，通常想像为分子呈拉长形，或矩
形，相互间大致是平行的，各层分子，其首尾对着邻近分子的首
尾，但不是连续的。层间排列没有规则，在近表面处，分子排列
平行于表面。

小球体与液晶性质相似之处为：

（1）塑性、密度比周围基质高；

（2）各向异性，固化时形成各向异性碳；

（3）磁效应，即在磁场的作用下可改变其分子排列；

（4）界面效应，当球体与固体表面接触时，分子层平行于
表面，作定向排列；

（5）共溶效应，某些有机物质单独炭化时不生成小球体，
但在炭化时，却能形成各向异性碳，煤有类似的情况；

（6）容纳效应，加入少量本身不能形成液晶的分子到液晶
体系中，可参与局部定向，煤有类似的情况。

用液晶这个术语来描述煤和沥青在加热过程中所出现的现
象，虽有上述相似之处，但与原来液晶的涵义并不完全相同。例
如，液晶的形成和消失纯属物理过程，而且是可逆的，而小球体
的形成绝不是单纯的物理过程，消除温度因素也不会恢复原状。
有人对此作过解释，如迈什（H. Marsh）认为，只有在炭化向列
型液晶形成的开始阶段，并在极为缓和的试验条件下，其系统中
所观察到的各向异性都是聚合的液晶，温度升降不能使其形成和
消失成为可逆。但这种说法，究竟缺乏试验基础。

由于液晶归根结底不是名副其实的晶体，因此，早在 1922
年有人就建议用中间相这个术语。但目前液晶和中间相这两个术
语的内容似乎并不完全相同。中间相一般是用来描述介于晶体和
极性分子构成的局部有顺序液体之间的中间态。它和液晶的差别
在于：

（1）中间相的形成是不可逆的；

（2）中间相在苯和吡啶中的溶解度极小；

（3）形成中间相所需要的能比形成液晶所需要的能高得多；

（4）中间相在形成过程中，相对分子质量逐渐增加；

（5）中间相在形成过程中 C/H 比逐渐增加；

（6）中间相的形成是化学过程。中间相在发展过程中，相对分子质量和 C/H 比逐渐增加，化学性质逐渐变化。中间相在形成后，内部发生连续的化学过程。

所以，中间相和液晶在形成过程中有相似之处，如顺序化、堆叠的规律，但并不是相同内容的两个术语。然而，在研究炭化的领域中，这两个术语的涵义往往缺乏明确的区别。迈什认为，中间相是随着温度升高，向列型液晶内发生聚合作用所得的聚合物，即以向列型液晶为基础的平行堆叠物。它仍保留流动性和塑性，故通常把炭化期间形成聚合的液晶，称为中间相。目前，用中间相这个术语较普遍些。

C 中间相的形成

在实验室条件下，煤与沥青或其他可石墨化的有机模型化合物相比，前者较不易观察到中间相形成及其变化的细节。因此，为了理解煤在加热过程中所形成的中间相动态，常借助于对模型有机化合物或沥青等有关中间相的试验结果。

一般地说，能形成中间相的煤、沥青和模型有机化合物，当加热到 350℃ 左右就开始热解和缩合反应，低分子产物以气态形式逸出，留下的自由基缩聚成稠环芳烃。到达 400℃ 左右，缩聚稠环芳烃的平均相对分子质量增加到 1500 左右，约为十几个到 20 个环的稠环芳烃。随着炭化温度升高，系统的流动性增加，由此，使分子间相互作用的可能性增加。然后，各向异性发展。有人认为，这种现象的出现，首先出现表面之间的相互作用，然后出现边缘之间的相互作用。表面之间的相互作用与物理吸附作用相似。在炭化系统中，这种物理的相互作用，导致形成向列型的液晶。如果这样的吸引力能顶住分子碰撞的分裂的力，则在热裂解产物内可以存在一种相当稳定的堆叠的分子结构，这就是向列型液晶的萌芽。然后，化学键合在这些"萌芽"液晶的结构分子间发生。接着液晶变成聚合的、各向异性的稳定相。这种稳定的聚合相就是在各向同性的液相体系中形成的塑性小球体，即中间相球体。初生的小球体仅百分之几微米，当长大到零点几微米时，用光学显微镜才能分辨出来。

初生中间相的黏度相当低，并保持充分的可塑性。这样，中间相的形状由于表面自由能的作用，要求它保持最小的表面积，因此呈圆球状。它是一种为各向同性液体包围的可变形的物质。系统的温度不同，中间相聚合程度就会不相同。聚合程度影响中间相的黏度。中间相的黏度比其他任何性质都更能影响焦炭的光学性质。此外，炭化系统中由于交联作用也使中间相黏度增高。当中间相的黏度高到一定程度时，初生中间相生长单元就不再受表面张力的支配，即不呈圆球形，而是其他的形状，如棒状或混合的形状。但是，当温度升高、黏度降低时，其他形状的中间相也可过渡到球状。目前，对球状的中间相研究得比较多。

D　小球体的结构模型

小球体的结构模型是塔洛提出来的。后来，他和布鲁克斯用电子衍射技术证实了这一结构模型，并且为多数中间相研究者所接受。

图 2-2 为塔洛提出的中间相球体结构模型。球体是由大致平行的分子层堆叠而成的。垂直于平行的分子层堆，形成一条极轴。因此，各分子层中，实际上只有类似赤道的最大的那一层是平面外，其余分子层都不是平面，而是从中心向边缘弯曲的曲面，越接近两极，弯曲越厉害。因此，分子层到达球的表面是垂直的。

有人也曾提出过中间相的其他结构模型，由于对本节关系不大，暂不在此赘述。

E　中间相的发展

研究中间相的发展，多以模型有机化合或沥青为样品。中间

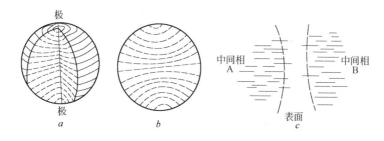

图 2-2 塔洛中间相小球体结构模型

a—中间相球体按极轴切去 1/4 的剖面；b—过极轴的剖面；
c—中间相球体融并初阶段图解

相的发展是一个复杂而多阶段的过程。大致经历下列过程：

原料经热裂解，由于中间产物的缩聚形成平面稠环大分子，这种大分子经相互平行堆砌，从而形成新相小球体；小球体不断吸附周围的流动相而使其体积增大；新的小球体不断产生，原来的小球体不断长大，使系统中小球体的浓度增加，球体之间的距离缩小，直到球与球相接触；相邻的相互接触的两个球体以最大的表面能合并成为一个复球，这种融并可能发生在相似生长过程的球体。结合时，分子开始是重叠，然后是吸附和相互作用，球内部分子不断作重新排列；复球进一步与单球融并，成为中间相体；中间相体进一步吸收周围的流动相而长大，待基质消耗快完时，系统的黏度迅速增加；系统中逸出气体的压力和剪切力的作用，使高聚相中弯曲层面的分子排列进一步顺序化，并因此变形；最后，系统固化，形成具有各种类型的光学结构体。

球体融并后，由于球内分子移动，严重地减低了原来球中结构分子的堆积顺序化程度，并且会因此导致焦炭或合成石墨的缺陷和多晶性。这种中间相的移动和流动，在球体开始结合之后，一直持续到流动相转化为各向异性的半焦。由于原料的化学组成和结构不同，上述过程往往不是孤立进行，而是各个小过程互相交替和参差进行的[4]。

在发生球体融并时，中间相所具有的胶质体化程度是中间相两个性质的函数。这两个性质是中间相内的聚合程度和交联程度。聚合程度和交联程度越高，中间相的胶质体化程度越低。聚合程度决定于结构分子的化学反应性，如反应性高，则在比较低的温度下，聚合程度会高，中间相的胶质体化程度就低。低胶质体化的中间相总是以非球体形状成长，并且融并受到严重的限制，因此，往往只能形成细粒的各向异性的镶嵌结构。如结构分子的化学反应性低，则中间相的胶质体化程度高，中间相保持胶质体化的温度就宽。融并的中间相一般保持充分的胶质体化，以克服由于热对流和挥发分系统移动所产生的切变力，并因此而形成各向异性的流动型结构，或针状焦。

炼焦煤在炭化中的中间相发展过程，由于它存在相当量的惰性成分、矿物质、非碳元素，如煤中氧、氮、硫，以及低变质程度煤中分子层的原始顺序化程度低，使球体生成、长大、融并等的发展都受到很大的限制。并且，在整个发展过程中，各个阶段也不明显，有的甚至观察不到任何中间相的发展阶段。从某种意义来说，煤作为炭化原料时，其中间相的转变情况比沥青和某些有机化合物可能更复杂。

有人在研究英国煤时，就没有发现各向异性的小球体，并认为是由于煤中含有氧、氮、硫元素而影响小球体的发展。以澳大利亚煤为原料时，则明显观察到中间相。这可能是由于两者地质因素不同的缘故。

迈什认为，对中间相融并不利的因素有：

（1）在炭化系统内固体不纯物吸附在中间相的表面；

（2）不能形成液晶的残渣物质吸附在正在成长液晶的表面；

（3）由于各向同性碳形成，使中间相分隔开来；

（4）分子的相对分子质量大、滑动性小和中间相的胶质体化程度低会限制炭化过程中中间相的成长和融并。

F   中间相发展的基本要素

上述煤中惰性成分、矿物质、非碳元素和分子层的原始顺序化程度低,对中间相发展起阻碍作用,这是从原始物料的条件对中间相发展的影响而言的。迈什认为:中间相的发展作为一个化学和物理过程,必须具备下列 3 个基本要素[5]:

(1) 化学缩聚活性:

煤热解时会产生自由基,它们之间很容易缩聚成相对分子质量较大的物质。没有这种缩聚活性,固然不可能生成中间相,但如果这种缩聚活性太大,会在短时间内,无规则地迅速提高相对分子质量,并使稠环芳香层之间发生交联,这样同样不能形成或发展中间相。只有当化学缩聚活性适中时,才有可能产生和发展中间相。

(2) 流动性:

炭化系统的流动性,能使热解产物的分子顺利地进行热扩散,使之移动到合适的位置,发生缩聚,随后又使缩聚的大分子转移到合适的位置,进行平行的有顺序的堆砌,这就为生成小球体提供了条件。此外,流动性还能使小球体不断地吸收周围流动相的基质而长大。

小球体也应有一定程度的流动性,这对内部分子的重新排列、球体变形、球体间的融并、融并后的分子顺序化,以及消除结构缺陷等都是有利的。

对冶金焦来说,系统的流动性太大,会使各向异性的发展过强,这样会导致焦炭抗机械破坏和抗热破坏的能力降低,容易产生裂纹,故要求系统的流动性适中。至于对针状焦,由于要求其光学结构的尺寸尽可能细而长,故一般要求系统的流动性高。

(3) 流动温度区间:

中间相的生长有一个过程,要求流动性较高的系统保持一定的时间。当系统的升温速度一定时,流动温度区间大,中间相体有足够的时间发展,故能达到一定的大小;反之,则中间相体不能发展,或只能形成小的中间相体。

上述这 3 个基本要素归根结底还是受煤本身结构和非碳元素含量的控制。通常，有良好黏结性的煤，在炭化时，能符合这 3 个基本要素，既有较低化学缩聚活性，又有适中的流动性和较宽的流动温度区间。

G　各向异性碳

中间相转化终点是形成各种光学结构的各向异性碳，这一般是在比基氏塑性仪的固化温度略低的温度下形成的。到达此温度，胶质体瞬间固化成半焦。根据不同最大反射率（R_{max}）的镜质组所处中间相的发展阶段形成了各种类型的焦炭显微结构。按其发展程度从低到高，依次为细粒镶嵌、粗粒镶嵌、流动型和叶片。中间相到达固化时的发展阶段决定于不同原始材料的化学结构。对于镜质组主要决定其变质程度，其次是加热条件。没有中间相转变过程，只能形成各向同性碳。此外，炼焦煤镜质组中尚有少量形成基础各向异性结构。这种显微结构的出现是由于煤中有些成分加热所提供的能量不足以改变其原来结构所致。这种成分在加热过程中行为与其他有机惰性成分相同。虽然光学上是各向异性，而与其他有中间相过程的各向异性结构完全不同。另外，焦炭中偶尔还可见到少量热解炭，它一般沿着气孔或裂纹的边缘分布。这是一种各向异性程度很高的显微结构。这种显微结构并非来自煤的显微组分，而是来自干馏过程中荒煤气反复吸附在煤料或已形成焦炭的气孔和裂隙壁上，经进一步加热炭化而形成的。各种焦炭的显微结构在显微镜下的照片附于后。固化成半焦后，再进一步加热，焦炭的显微结构不会再变化，但各种显微结构的反射率均会继续提高。

H　镜质组反射率分布曲线各段区间与各种焦炭显微结构的对应定量关系

如上所述，反射率从低到高的镜质组经历加热干馏后均会各自衍生相对应的焦炭显微结构。图 2-3 即为某厂生产配煤为例的镜质组反射率分布曲线各段区间与各种焦炭显微结构的对应定量关系。

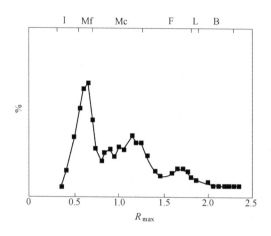

图 2-3　镜质组反射率区间与其衍生的对应
的不同焦炭显微结构的定量关系

I—各向同性；Mf—细粒镶嵌；Mc—粗粒镶嵌；
F—流动状；L—叶片状；B—基础各向异性

2.1.3.2　非挥发性液相颗粒表面黏结理论

　　煤中镜质组颗粒在加热过程中裂解和聚合是并行进行的。在前阶段以裂解反应为主，中间阶段两种化学反应并重，后阶段以聚合反应为主。所谓可塑带阶段，也大致是中间相形成和发展阶段，也即大致为裂解和聚合二种化学反应并重的阶段。裂解的小分子逸出体系之外；中等相对分子质量的产物在系统内循环回流；另一种非挥发性液相附着在煤粒表面，进一步提高温度时，非挥发性液相即结焦而形成颗粒间的界面。因此，可以推测在成焦过程中颗粒表面的非挥发性液相的数量和质量对最终产品焦炭的质量是至关重要的。此外，非挥发性液相的数量和质量不但与原始煤料中镜质组的质量有关，也与下列加工工艺有关：一是与加热速度有关。弱黏结性煤用快速加热能提高其结焦能力。这是由于快速加热使裂解产物的产出速度增快，来不及离开煤粒表面，并进一步合成相对分子质量高的液相反应物，致使比常速加热时非挥发性液相量多；二是与煤料堆比重有关。煤料堆比重增加，煤料密实，也能使弱黏煤有较强的结焦能力，那是因为煤粒间表面紧密接触，在结焦过程中只需要比煤料不经密实时较少的非挥发性液相就可结成焦块；三是与装煤料中是否配型煤有关。在制型煤时需加6%～7%软沥青，加型煤既有煤料密实作用，软沥青对煤粒表面也起了增加非挥发性液相的作用。

2.1.4　镜质组在成焦过程中的作用

镜质组在成焦过程中的作用如下：

（1）镜质组是成焦的主体原料：它的性质和数量都决定它是成焦主体原料，它是成焦过程中在颗粒表面产生非挥发性液相的主体。煤粒表面的非挥发性液相是散装煤料能形成焦块的绝对原因。

（2）焦炭多孔体的形成：镜质组受热处于软化状态，分解气体的内压如小于胶质体的阻力，则形成封闭气孔；如气体能冲破胶质体阻力，固化时就成为开放气孔。后者约占90%以上。如果备煤和炼焦工艺条件固定，气孔系列参数主要决定于镜质组的反射率分布及其区间。

（3）镜质组衍生的焦炭显微结构对强度的影响：这里提出来的所谓强度，不包括受焦炭中已形成宏观裂纹和微观裂纹的影响，而是指无裂纹的单块焦炭抵抗外力破坏的程度。焦炭中镶嵌结构是最耐受外力抗击的。因为镶嵌结构的光学结构单元的层片排列的方向是随机的，要断裂它，必须曲折进行，这比沿直线断裂所形成的断裂面积要大，故要消耗更多的能量。因此，镶嵌结构多的焦炭的冷态强度必然较高；各向同性结构由于反应活性较高，分子层片来不及有序排列就交联固化，故焦质强度不高；流动型和片状结构的光学结构单元内部的层片排列趋向有序，比各向同性致密，但光学结构单元之间界面结合并不一定很牢固，有人认为：其间的界面结合可能不是化学键而是范德华力结合的；至于基础各向异性的存在，认为对焦炭耐磨强度不利。

2.2 丝质组及其炭化后的衍生物

2.2.1 丝质组的惰性现象体现

丝质组在加热过程中有分解反应，但不软化，不会出现中间相过程，在成焦过程中被视为惰性成分。它在不同变质程度的炼焦煤中虽均属惰性，但它的化学结构并非随着变质程度加深而一成不变，只是变化幅度小些而已。所谓惰性，即指其在煤中原有形状不变，更不会分解出非挥发性液相。它参与成焦，必须在其表面吸附一定量非自生的非挥发性液相。

2.2.2 丝质组在成焦中的两面性

丝质组对成焦究竟是有利还是不利？这要视其颗粒大小和数量，以及其他配煤的数量和质量而定。

如丝质组颗粒大，由于在胶质体固化的瞬间，它与周围物质收缩不相适应，会沿着其颗粒周围形成裂纹中心，影响焦块强度；

如丝质组颗粒细，它可参与焦炭气孔壁形成，使焦炭气孔壁增厚，从而提高焦炭强度。但丝质组颗粒过细，则其比表面积大，要吸附较多的非挥发性液相。否则，影响焦炭强度。特别是耐磨强度。总之，丝质组成焦必须有其他成分提供一定量的非挥发性液相。它本身不能单独结成焦块。

丝质组颗粒适中，数量适中，不但无害，反而有益。如果既过量而又颗粒大，则不利于成焦和焦炭质量。

2.2.3 不同类型丝质体在成焦中的作用不同

以上所述是指煤料中的单独丝质组颗粒的情况，如果在煤粒中与镜质组共生的丝质组（如线理状结构），则情况并不完全如此，现以不黏结性块煤作炼焦试验时[6]，对焦块镜下剖析的结果来说明：

侏罗纪大同煤是弱黏结性煤，R_{max} 为 0.7% ~ 0.74%，惰性成分含量达 50% 左右，用散装煤料单独炼焦不能形成焦块。但大同煤中的镜质组并不是完全没有黏结性，而是弱黏结性的，只是它没有能力黏结惰性物质。由于大同煤中，有相当大数量丝质组，见图片 57 ~ 60。所以单独的散装大同煤不能炼焦，一般作动力用煤。但大同块煤可以炼成质量很好的块焦。大同块煤中丝质体多呈线理状镶嵌在镜质组中（见图片 54 ~ 56），成焦后，它与镜质组衍生成的焦炭，其界面结合十分牢固，有的甚至在镜下观察不到明显的结合界面（见图片 61，62）。因此，在煤粒中与镜质组共生的丝质组，在加热过程中性状与单独丝质组颗粒的情况有明显的不同。这对合理利用煤炭资源有重要启示[6]。

2.2.4　特殊性质的丝质体

某些澳大利亚煤中的丝质组是非常特殊的品种。它有黏结性，这可能是由于成煤过程中沥青化作用阶段浸润了沥青的缘故。

2.2.5　丝质组是煤中天然瘦化剂

丝质组在炼焦过程中与任何外加的瘦化煤和瘦化剂起同样瘦化的作用。它的存在可使焦块增大。对于炼焦煤煤粒中与镜质组共生的丝质组和外加瘦化剂唯一不同的是：前者不再需要吸附非挥发性液相就可参与成焦，而后者必须吸附一定量的非挥发性液相才能成焦。

2.2.6　丝质组成焦后对焦炭气孔参数的影响

（1）有的丝质组保留着原始植物的细胞腔结构，成焦后，即为封闭气孔。一般气孔小，如未压碎，分布稍有规律。

（2）丝质组在成焦过程中有的往往形成焦炭结构中的缺陷，造成成焦过程中分解气体析出的通道。这种通道和缺陷显然包括在气孔参数之中。

2.2.7 丝质组成焦后衍生物的光学性质

丝质组成焦后的衍生物是类丝炭和破片，光学性质基本上属各向同性。

2.3 半镜质组及其炭化后的衍生物

2.3.1 半镜质组的原始材料和成因条件

半镜质组的成煤原始材料和丝质组、镜质组相同。但成煤的环境和条件与它们不同，介于两者之间，也可能是氧化和还原环境交替进行。它的性质也介于两者之间。

2.3.2 加热过程动态和光学性质趋向

目前，测定的半镜质组性质更接近于丝质组。除了加热过程中颗粒的棱角不再显得尖锐，有些软化倾向外，其他一切均同丝质组。它不会软化，不会颗粒变形，不会产生气孔，不会有中间相过程，光学性质不会出现各向异性。成焦后的衍生物是破片。过去半镜质组按前苏联 И. И. 阿莫索夫（И. И. Аммосов）定为 2/3 惰性。而从近 20 年来大量煤岩显微组分组成和其衍生的焦炭显微结构组成对照，以及加热过程变化等多方面的工作结果，认为对炼焦而言，它应定为惰性较合适。

2.4 壳质组及其炭化后的衍生物

2.4.1 原料的特点是其性质上特殊的主要原因

壳质组的成煤原始材料与上述 3 种煤岩显微组分完全不

同。它是由古植物的孢子、叶子、树皮、木质素、分泌物等抗氧化性能较强的物质保留下来的残留物的总称。在低变质程度煤中，它的化学成分、元素组成与上述 3 种显微成分差别很大。

2.4.2　低变质程度煤中壳质组在加热过程中的变化

低变质程度煤中的壳质组在加热过程中的变化，在过去国际煤岩会议上曾有人放映过这样一个有趣的试验记录片：当加热到一定温度时，壳质组很快变形，接着立刻出现沸腾情况并流动，围着惰性颗粒转，随即消失。这现象与其他实验十分吻合：即壳质组分解温度低，胶质体稀薄，挥发分高，固化温度低，残留碳少。但随着变质程度提高，上述现象就逐渐不再如此典型。

2.4.3　壳质组热解产物的特点和在成焦中的作用

壳质组在成焦过程中类似焦油类物质，分解后一部分小分子变成气体逸出，一部分相对分子质量较大的气体在煤料中反复回流，并有一部分在回流过程中进一步合成分子量较大的液相。壳质组在炼焦煤中数量一般本来就很少，且很多煤中的壳质组含挥发分又高，故残留的碳量很少，所以它在成焦中的作用有时几乎可忽略不计。

2.4.4　壳质组中各显微成分与其共生镜质组的性质比较

壳质组不是单一的一种物质，它是由多种不同物质组成，包括角质体、孢子体、树脂体、木栓体、藻类等。它们之间的性质并不完全相同。在低变质程度时，它们与其共生的镜质组在性质上相近的序列为：木栓体，角质体，孢子体，树脂体、藻类。中变质程度的炼焦煤中壳质组的结焦性质已逐渐近似于其共生的镜质组。在加热过程中的变化也近似于与其共生的镜质组。

2.5　煤岩显微组分和其炭化后各自的衍生物

各种煤岩显微组分衍生的对应焦炭显微结构见表2-1。

表 2-1　炼焦煤中煤岩显微组分和其衍生的对应焦炭显微结构

煤岩显微组分		衍生的焦炭显微结构	说　　明
镜质组		各向同性，细粒镶嵌，粗粒镶嵌，流动状，叶片状，基础各向异性	这些均为冶金焦中主要组成的显微结构，其中各向同性包括在 ΣISO
半镜质组		破　　片	包括在 ΣISO
丝质组		破片，类丝炭	包括在 ΣISO
壳质组	低变质程度	各向同性	挥发分极高，残炭量极少，可忽略不计
	中变质程度	同镜质组衍生物	一般数量极少

注：ΣISO 为焦炭显微结构中光学呈各向同性结构的总和。

2.6　炼焦煤中不同煤岩组分在成焦后的界面现象

炼焦煤在加热过程中形成胶质体状态时，宏观上似乎是均匀半流体状态的物质，在微观上并不像两种液体混合后那样形成均匀的物质。虽然大部分具有软化过程的煤粒，不再显示颗粒，但固化后结成焦块，在显微镜下仍显示有各种不同的界面。界面是炭化过程中形成的新物质，它的优劣直接影响焦炭质量。

现将不同界面分述于下：

（1）炼焦煤中惰性成分与任何其他煤岩成分炭化后结合的界面在显微镜下均显得十分尖锐而清晰；

（2）两种变质程度相近的炼焦煤的镜质组炭化后的界面结

合良好，而且在镜下界面一般不清晰；

（3）两种变质程度不相近的炼焦煤的镜质组炭化后界面清晰。结合质量视变质程度所处区间，如变质程度均处于中间区段，结合良好；反之，处于较高或较低区段，结合一般不佳；

（4）炼焦煤中镜质组 R_{max} 在 1.1% 附近，它与其他炼焦煤的镜质组炭化后，结合界面有不同程度的界面过渡带；

（5）结合界面对焦炭质量的影响：界面是加热过程中产生的一种新的物质。界面质量决定焦块质量。

2.7　焦炉炭化室中煤料加热过程中宏观变化

炭化室中炉料是沿着两侧燃烧室火墙成层顺次从固体散装煤料开始颗粒软化变形，产生气孔，逐渐消失煤粒间空隙，固化成半焦，直至成焦。图 2-4 和图 2-5 显示此过程。

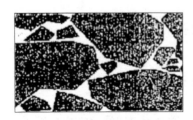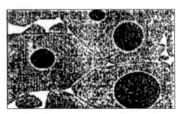

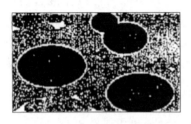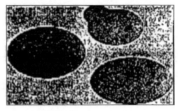

图 2-4　在炭化室料柱中炼焦煤粒软化
过程发展的镜下形态示意图

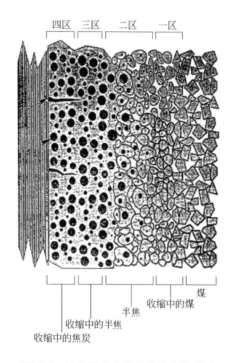

图 2-5　炼焦煤料在炭化室中由炉壁至
中心炭化过程宏观示意图

参 考 文 献

1　周师庸. 应用煤岩学. 北京：冶金工业出版社，1985

2　G. H. Taylor. Fuel，1961，40，465～473

3　J. D. Brooks，G. H. Taylor. Nature，1965

4　钱树安等. 石油炼制，1980，1

5　H. Marsh. Ironmaking Proceedings. 1980，39：266～273

6　周师庸等. 大同块煤制铁合金用焦的剖析. 中国金属学会炼焦化学论文选集第六
　卷，1987～1988，157

7　周淑仪，陈爱国. 煤的反射率谱图在焦化领域中的应用. 燃料与化工，1987，18
　(4)：6～9

3 焦炭在高炉中劣化过程和劣化因素

长期以来，高炉焦炭质量的定义是含糊的，不完善的，有争议的，以至无法提出能完全代表焦炭性质的具体指标。这主要是因为人们还不完全了解焦炭在高炉中的行径。但我们必须向这方面努力。近十几年来，人们对此不懈地进行了大量工作。

只有比较翔实地掌握焦炭在高炉中的劣化过程和劣化因素，才有可能比较有根据地提出对高炉焦炭的质量要求，才有可能对现行焦炭质量指标做出恰当的评定，以及对提高高炉焦炭质量提出切实有效的方案。这是研究高炉焦炭，掌握高炉焦炭质量的必要的基础。

3.1 焦炭在高炉中的作用和行径

3.1.1 焦炭在高炉中的作用

焦炭在高炉中的作用主要有下列几个方面[1]：

（1）热源作用：提供矿石还原、熔化需要大量的热量，这些热量主要由焦炭燃烧提供。对于一般情况下的高炉，每炼1t生铁需焦炭500kg左右，焦炭几乎供给高炉所需的全部热量。当风口富氧喷吹燃料时，焦炭供给的热量也约占全部热量的70%~80%。焦炭燃烧所提供的热量是在风口区产生的。焦炭灰分低、进入风口区仍保持一定块度是保证燃烧情况良好的必需条件。

（2）还原剂作用：高炉中矿石的还原是通过间接还原和直接还原两种方式进行的。不论是间接还原还是直接还原都依靠焦炭提供所需的还原气体 CO。间接还原是上升的炉气中的 CO 还原矿石，使氧化铁逐步从高价铁还原成低价铁，一直到金属铁，同时产生 CO_2：

$$3Fe_2O_3 + CO = 2Fe_3O_4 + CO_2$$

$$Fe_3O_4 + CO = 3FeO + CO_2$$

$$FeO + CO = Fe + CO_2$$

间接还原反应约从 400℃ 开始，直接还原在高炉中约 850℃ 以上的区域开始。由于高温时生成的 CO_2 又立即与焦炭中的碳反应生成 CO，所以从全过程看，可以认为是焦炭中的碳直接参与还原过程。

$$FeO + CO = Fe + CO_2$$

$$CO_2 + C = 2CO$$

$$FeO + C = Fe + CO$$

不论间接或直接还原，都是以 CO 为还原剂。为了不断补充 CO，需要焦炭有一定的反应性。

（3）支撑骨架作用：高炉中风口区以上始终保持块状的物料只有焦炭，尤其在滴落带，铁矿石和熔剂都已熔化，此时只有焦炭是对高炉炉料起支撑作用的骨架，并承受着液铁、液渣的冲刷。同时，焦炭在高炉中比其他炉料的堆积密度小，具有很大空隙度，因为焦炭体积占炉料总体积的 35% ~ 50% 左右，所以起到疏松作用，使高炉中上升气体流动阻力小，气流均匀，成为高炉顺行必要条件。高炉焦炭要求一定块度组成和强度指标，就是为了在高炉中有良好的透气性。

（4）供碳作用：生铁中的碳全部来源于高炉焦炭。进入生铁中的碳约占焦炭中含碳量的 7% ~ 10%。焦炭中的碳从高炉软融带开始渗入生铁；在滴落带，滴落的液态铁与焦炭接触时，碳进一步渗入铁内，最后可使生铁的碳含量达到 4% 左右。

以上是高炉中焦炭的主要作用，此外焦炭在块状带参与物料的蓄热，以及在高温区参与 Si、Mn、P 的还原等也有一定重要性。

高炉风口喷吹煤粉技术强化并逐渐普及以后,焦炭的第一、二、四项作用不同程度地可为所喷吹煤粉所替代,唯有支撑骨架作用的负荷却因此进一步加剧。

3.1.2　高炉中不同部位焦炭的行径

高炉系中空竖炉,其炉型结构如图 3-1 所示,由上至下分炉喉、炉身、炉腰、炉腹、炉缸五段。炉料包括铁矿石(天然矿、烧结矿或球团矿)、熔剂(石灰石或白云石)和焦炭,从炉顶依次分批装入炉内。高温空气(或富氧空气)由风口鼓入,使焦炭在风口前的回旋区内激烈燃烧。燃烧产生的热能是高炉冶炼过程的主要热源,燃烧反应后生成的 CO 作为高炉冶炼过程的主要还原剂。在高炉中,根据温度和物料状态不同可分为块状带、软融带、滴落带和风口回旋区,如图 3-2 所示。

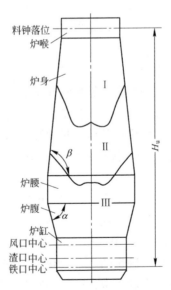

图 3-1　高炉炉型结构图

I —800℃ 以下区域; II —800 ~ 1100℃ 区域; III —1100℃ 以上区域

H_u —有效高度; α —炉腹角; β —炉身角

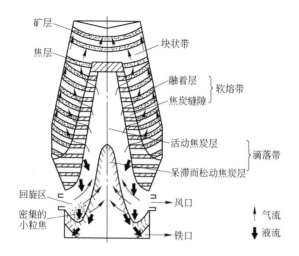

图 3-2 高炉内料柱的构造模型图

近几十年来，由于各国对生产高炉先后不断进行不惜工本的解剖[2]和风口取焦样装置的研制成功，使之有条件对大量风口焦和相应入炉焦各项性质作确切的对比试验。加之在实验室条件下，从不同角度不断进行高炉局部条件的模拟试验，使焦炭在高炉中的劣化过程的认识获得进一步深化。现将焦炭在高炉各部分的行径分述如下：

（1）块状带。块状带是指炉腰以上温度低于1000℃左右的部位，由于矿石尚处于固态，并无粘着现象，所以所有炉料基本保持层状。从炉料入高炉时开始，温度与大气温度相近，在块状带运行中温度升至近1000℃左右，这一蓄热过程为进入软融带参与直接还原起了重要作用，所以块状带也有时称作蓄热带。由于这时温度在炼焦最终温度以下，所以焦炭承受热的作用影响很小，焦炭块度和强度下降很少。由于焦炭在料线途中，受到一定的机械作用，块度略有降低，稳定性相对有所增加。

在块状带下部，铁矿石中的铁氧化合物与上升炉气中的 CO 发生间接还原生成的 CO_2，在800℃以上时与焦炭产生明显的气化反应生成 CO，这种碳的消耗称为碳溶损失。块状带内焦炭的碳溶反应程度低，对焦炭质量影响不大，碳的损失一般不超过 10%，块度直径大致平均减少 1 ~ 2mm[3]。但高炉炉顶温度过高或焦炭反应性过高均会导致碳溶损失增大，不利于 CO 的有效利用。

（2）软融带。软融带处于炉腰、炉腹处，温度为 900 ~ 1300℃ 左右的部位。因矿石开始熔化，故称软融带。由于温度及气流分布关系，使软融带通常形成倒"V"字形，焦炭和矿石仍保持相间存在。但矿石由表及里逐渐软化熔融，而焦炭仍呈块状起到疏松和使气流畅通作用。由于这一区域为碱富集区[4,5]，碳溶反应剧烈，焦炭中碳的损失可达 30% ~ 40%。至此，焦炭结构受到破坏，焦炭块度、强度急剧下降，耐磨性显著降低。同时也有较多的碎焦和焦粉产生，不利于气流畅通。因此，要求焦炭块度均匀和改善 CO_2 反应后强度都对高炉软融带状态有重要作用。

（3）滴落带。软融带下部是滴落带。温度在 1350℃ 以上，此处碳溶反应已经减弱，对焦炭的破坏作用主要来自不断滴落的液渣和液铁的冲刷。此外，在此区域内，焦炭对液铁有渗碳作用，使软融带半熔化的液铁中碳含量由不到 1% 增加到 2% 以上，直到将进入炉缸时达到 4% 左右。渗碳对焦炭块度有一定影响。此处的焦炭已是炉料中唯一的固相物质。由于此处的碳溶反应不剧烈，焦炭仍能保持一定的强度与块度，因此它仍成为上升气流的通道，起保证高炉有一定的透气性和分配气流，以及透液铁和液渣的作用。

中心料柱的焦炭大部分来自软融带最上部，当软融带顶层熔融而分裂开并向下移动时，倒"V"形顶端产生穿透作用，以致焦炭向下滑动，直到顶端新的软融层形成。也有一部分焦炭来自软融带各个层间受到一定程度碳溶反应的焦炭，这部分焦炭处于中心料柱焦炭堆的外围，它与滴落带的一部分焦炭向下运动，进入风口区，最后全部烧掉。这部分焦炭称为活动层。中心料柱的下部有一堆焦炭，它受到上面炉料的重力、下面液铁、液渣的浮力和四周鼓风的压力,形成一个平衡状态,因而处于相对静止状态,称为呆滞层或死料柱焦。软熔带、滴落带的活动层和死料柱以及风口区的焦炭状态如图3-2所示。

(4) 风口回旋区。风口回旋区周围的焦炭来源不同,块度不一,由于这部分焦炭对整个高炉操作影响大,所以历来对它进行较多的研究。热空气由风口鼓入后,形成一个略向上翘起的袋状空腔,即回旋区。焦炭在此承受2000℃以上的高温和快速旋风的撞击作用,并发生剧烈的燃烧,为高炉提供热量和还原气体CO。残留在焦炭中的灰分,此时也迅速分解。因此,焦炭进入此区域即迅速粉化。空腔的外围因鼓风动能和炉料移动,焦炭以不同状态分布在整个风口区域,如图3-3所示。空腔1为回旋区,焦炭在此处燃烧,温度约达2000℃。空腔1的上方区域2是块度较大焦炭,来自中心料柱的活动层,它是供作回旋区燃烧的焦炭来源,其块度的完整和承受热力作用的强弱与否对风口区状态有重要作用。由于它已受到一定碳溶反应和磨损,表面呈中等棱角和部分钝圆状态。在研究风口焦炭时,这部分焦炭性质更有重要意义,称之为炉腹焦。区域3是已经在回旋区内燃烧过的焦炭,并且仍不断在回旋区内循环,称为回旋区焦炭。它已承受了较大的机械力和热的作用,因此块度较小而且钝圆,其表面因受高温影响有较高的石墨化度。一般情况下,越向炉子中心焦炭块度越小,因受鼓风动力而吹向远处。区域4是在整个回旋区焦炭下方,它是一个很密实的结构,有碎裂的小粒焦块,同时夹杂因重力流下的液铁和液渣,称雀巢焦。强度好的焦炭,雀巢焦层不大,数量也不多,但易碎裂的劣质焦炭,则雀巢焦量多且易向中心偏移,导致碎焦充满料柱的空隙,影响液渣、液铁滴向下的正常渗透。雀巢焦层的下方是大块焦炭区5,它由于中心死料柱焦炭移动和风口与风口间的焦炭堆向下移动所形成,它们不可能再进入回旋区而浮在液渣上面达1~2m厚度,起到渣、铁向下渗透作用。区域6是死料柱焦炭,它始终处于稳定状态,直到炭素完全耗尽,灰分进入渣中为止。

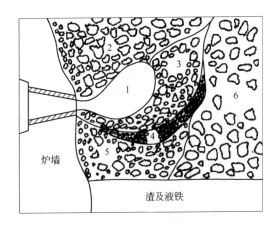

图 3-3   风口回旋区周围的焦炭

1—回旋区；2—炉腹焦；3—回旋区焦炭；4—雀巢焦；

5—大块焦炭区；6—死料柱焦炭

焦炭从进入高炉开始，直到风口前历经各种热力和化学过程，要求焦炭保持一定的块度是回旋区操作正常的重要条件。因此，炉腹焦的研究也一直受到重视。分析整个焦炭劣化过程，软融带部位的碳溶反应对焦炭的降解影响是极为严重的。尽量设法减少软融带的碳溶损失，以求得焦炭保持较好的热态强度，满足滴落带对焦炭骨架作用的需要，是炼焦和炼铁工作者共同的重要任务。

3.2   高炉中焦炭化学反应

焦炭在高炉中劣化，很大程度是通过化学反应导致焦炭逐渐劣化的。以下列述高炉内焦炭的化学反应。

3.2.1   全焦冶炼中焦炭消耗分配

每 1t 铁消耗焦炭（kg），见下式：

$$CR = (C_{直接还原铁} + C_{还原非铁元素} + C_{溶于液铁} + C_{风口燃烧})$$

3.2.2 碳溶反应开始

碳溶反应式：

$$C + 2H_2 = CH_4$$

一般在483℃即热解。但此反应只损失焦炭中碳的0.5%左右，即使煤气中 H_2 含量高，也不会超过1%，故对焦炭强度无大的影响。

3.2.3 间接还原反应

高炉部位处于 $t < 570℃$ 时，$Fe_3O_4 + 4CO = 3Fe + 4CO_2$

高炉部位处于 $t = 570 \sim 800℃$ ，$Fe_2O_3 \rightarrow Fe_3O_4 \rightarrow FeO \rightarrow Fe$ 依次顺序进行反应，即：

$$3Fe_2O_3 + CO = 2Fe_3O_4 + CO_2$$

$$Fe_3O_4 + CO = 3FeO + CO_2$$

$$FeO + CO = Fe + CO_2$$

以上与 CO 反应最终生成 Fe 的反应为间接还原反应。

3.2.4 直接还原反应

当高炉高温区 $t > 1100℃$ 时，$CO_2 + C = 2CO$，此反应需有氧源和达一定温度。高炉上部，CO_2 浓度高，但温度不够高；高炉下部温度高，但无 CO_2，故均不会有此反应。

焦炭进入到滴落带1450℃以上区域时，CO_2 已消失，氧的载体转入液相中，主要为 FeO 和 SiO_2，此时产生以下反应：

$$FeO + CO = Fe + CO_2$$

$$CO_2 + C = 2CO$$

可以看作是：

$$FeO + C = Fe + CO$$

因 $CO_2 + C = 2CO$ 反应速度很快,故可看作 C 直接还原 FeO：

$$FeO(液) + C = Fe + CO$$

此反应随温度升高而加强。初渣中亚铁 FeO 含量很高，CO 分压很低，FeO 与 C 可直接作用。由此反应消耗入炉焦约 7% ~ 9%，故也会影响些微焦炭强度。但日本住友公司做试验得出：经 FeO 作用，焦粒会不断细化，作用主要在焦粒表面进行，故对焦炭强度影响不大；反应强度与反应温度成正比，但并非反应温度越高，反应越强烈，因系统中 FeO 在减少。提高烧结矿还原性，可减低渣中 FeO 含量，即可减少因还原导致 C 的溶损。

3.2.5　非铁元素还原反应

渣中含有 SiO_2

$$SiO_2 + 2C = Si + 2CO$$

此反应在渣中含 FeO 很低时才能进行。否则，当渣中含有 FeO 时应为下列反应式：

$$2FeO + [Si] = 2Fe + SiO_2$$

此式可视作 Si 被 FeO 氧化。其反应趋势较前一反应强烈得多。

渣中 SiO_2 还原机理可能为：$SiO_2 + C = SiO + CO$，继而 SiO 被液铁吸收，并被 [C] 还原成 Si。但 SiO_2 的还原率很低，耗 C 不多，且在表层进行，对焦炭内部结构的影响不大。

焦炭灰分中 SiO_2：

焦炭中 SiO_2 活性很高，常为渣中 SiO_2 10 倍以上，易于还原；而且灰分中 SiO_2 均匀镶嵌在 C 中，与 C 接触紧密，还原动力学的条件也好。灰分中 SiO_2 有以下几种还原途径：

$$SiO_2 + C = SiO + CO \qquad (3-1)$$

$$SiO_2 + C = Si + CO \qquad (3-2)$$

$$SiO_2 + 3C = SiC + 2CO \qquad (3-3)$$

其中，以反应式（3-3）的趋势最强，可能先按反应式（3-3）优先进行，生成的 SiC，再与灰分中 SiO_2 于大于 1380℃ 时，以下式反应：

$$2SiC + SiO_2 \Longrightarrow 3Si + 2CO \qquad (3-4)$$

反应式(3-4)的反应趋势比式(3-1)、式(3-2)、式(3-3)强,反应结果生成 Si。当液铁经过焦床时,Si 迅速溶于铁水:

$$Si \rightarrow [Si] \qquad (3-5)$$

此反应在 1330℃ 易于进行,只要遇铁水,即溶于其中。

焦炭到风口,焦炭中 SiO_2 约保留 50%,余 50% 已被还原,按反应式(3-3)估算,因还原 SiO_2 消耗碳,量虽不大,但在焦炭内部结构深层消耗碳,故影响焦炭强度。

3.2.6 渗碳反应

焦炭在滴落带和炉缸均有与铁水接触的充分条件:

$$C \rightarrow [C] \qquad (3-6)$$
$$C + 3Fe \Longrightarrow Fe_3C \qquad (3-7)$$

反应式(3-4)的反应温度比式(3-7)低,故式(3-6)反应优先于式(3-7),式(3-5)反应可能是液铁渗 C 的主要途径。但二者均在焦块表面反应,故对焦炭强度影响不大。

由上可知,反应温度低,影响焦炭结构;渣焦和铁焦反应,反应温度较高,但在焦块表面反应,不影响焦粒内部结构,只使焦粒块度变小。

此外,渗碳反应与以下条件有关:

(1)软融带位置较高,焦炭在高炉中时间增长和焦炭在铁水中浸泡时间增长,均使耗碳量增加;

(2)反应速度主要是温度的函数,温度由 1400℃ 升到 1500℃,焦炭渗入铁水中增加几倍,但不按比例升高,因尚有其他因素;

(3)渗碳量与铁水原始含 C 量有关。故高炉下部温度虽高,但渗碳已达相当程度,会抑制碳的损失;

(4)渗碳与反应面积有关,焦炭比表面积大,焦炭失碳多;

(5)焦炭中灰分覆盖质点,使碳不与铁水接触;

(6)石墨渗碳能力 3 倍于焦炭。石墨 C 原子与其他 3 个 C

原子共链。键长为 0.142nm（1.42Å），比无定形 C 短 0.154nm（1.54Å），结合力强，不易断裂，但层间距大 0.335nm（3.35Å），结合力弱，因此，石墨易沿层片滑动分离，脱离点阵体系进入液铁。无定形 C 不会沿层片脱落，故不会大量溶渗入液铁，但由于键长，易于单个 C 进入液铁。由此可知，焦炭中各向同性结构中的碳比各向异性结构中的碳不易丢失。

3.2.7 风口燃烧反应

氧充分条件下燃烧反应：

$$C + O_2 = CO_2$$

氧不够充分条件下反应：

$$CO_2 + C = 2CO$$

煤气中含有 H_2O 时反应：

$$C + H_2O = CO + H_2$$

此反应比 $C + CO_2 = 2CO$ 的反应速率大 2~3 倍。

3.2.8 碱金属与焦炭中灰分化学反应

煤中灰分主要由以下无机矿物组成：

石英：SiO_2

伊利石：$(K/Na_{0.25~1.75}H_3O_{0.25~1.75})(Si_{6.5~8.0}Al_{0~1.5})O_{20}(OH)_4$

高岭土：$Al_{3.95}Si_{4.05}O_{10}(OH)_8$

煤中主要无机矿物在炼焦过程中，经脱水成鳞石英、偏高岭土（$Al_4Si_4O_{14}$）、偏伊利石 K（$Mg_{0.2}Fe_{0.2}Al_{3.6}$）（$Si_{6.8}Al_{1.2}$）O_{22}。

碱金属在块状带与 Ca^{++}、CO_2 反应形成 Ca（$K_{0.5}Na_{0.5}$）（CO_3）$_2$，到软融带即分解成为碳溶反应的催化剂。

焦炭中硅酸盐与碱金属的结合能力，按以下次序依次减小：

$Al_4Si_4O_{14} + 2K_2O = 4(KAlSiO_4)$ 方六甲霞石

K（$Mg_{0.2}Fe_{0.2}Al_{3.6}$）（$Si_{6.8}Al_{1.2}$）$O_{22} + K_2O = 4(KAl_{0.9}Mg_{0.05}Si_{1.7}Al_{0.3}O_{5.85}) + 0.2Fe$ 白石榴石

由于偏高岭土与 K 结合能力比 Na 的结合能力强，这就是为

什么风口焦中 K_2O 比 Na_2O 含量高的原因。

此外,偏伊利石减少循环碱的能力低于偏高岭土。煤中无机矿物经炼焦全部成为焦炭中灰分。焦炭灰分在高炉生产中有诸多弊端,已如前述,唯独成渣后能与部分循环碱结合,并带出炉外,应是灰分百害中之一利。

3.3 焦炭在高炉中劣化因素

3.3.1 焦炭劣化的外部因素

3.3.1.1 机械破坏作用

焦炭在入炉前转辗运送和入炉时从高炉料钟落下时,如焦炭存在裂纹,就很容易因此开裂变成较小块焦,同时由于宏观裂纹的减少也增加焦炭的稳定性,但开裂只使块度减小,不会影响焦炭结构;如焦块不存在裂纹,或已经过整粒,则这一过程对焦炭不会有影响[6]。

焦炭在高炉块状带下行的过程中,受到焦炭与焦炭,焦炭与矿石,焦炭与炉壁间的摩擦作用和上载炉料的压力作用。从各国高炉解剖得知:焦炭在块状带,块度变化很小,大约平均块度直径减小5%左右[7]。对于焦炭在块状带耐受的压力,前北京钢铁学院杨永宜曾对日本大分厂一高炉($4185m^3$)在正常生产时进行计算[8],得出焦炭在高炉承受最大静压力约为 $0.0735MPa$。即使在开炉前,炉内没有气流存在时,焦炭承受的最大压力也只有 $0.13MPa$,而现代冶金焦耐压强度一般都在 $5\sim6MPa$,远超过计算值。以上说明单纯的机械力不是焦炭劣化的主要因素。至于焦炭在高炉块状带以下,焦炭除承受机械力还遇到叠加的其他劣化因素时,机械力对焦炭劣化才起推波助澜的作用。

3.3.1.2 碳溶反应

碳溶反应包括焦炭与 CO_2 反应和焦炭与 H_2O 反应两部分:

（1）CO_2 碳溶反应。焦炭与 CO_2 反应（$C + CO_2 \Longrightarrow 2CO$）。

它对焦炭劣化的影响主要是：使死孔活化、微孔发展、新孔生成，从而焦炭的比表面积增大到极限。随着反应的继续进行，相邻气孔合并，又导致比表面积下降。以上这些变化均使焦炭结构松散，强度下降。这样的焦炭到达高炉下部高温区就迅速粉化，使高炉透气性变差，甚至危及高炉生产。

就影响碳溶反应的外界条件而论，温度和压力对其都有影响。温度对碳溶反应的影响，人们进行的研究很多。卢维高等人的研究[9]表明：碳溶反应中，1000℃下焦炭的反应性较800℃下反应高40%，且高炉中温度为1000℃部位的 CO_2 浓度较800℃下还低15%。Tetsu Nishi 等人在研究温度对碳溶反应的影响时，也发现[10]：同一种焦炭，在同一时间内，温度越高，焦炭的反应性也越高。同时还指出：低温时，气化反应速度较慢，内扩散阻力较小，CO_2 有条件向焦炭内深层扩散，气化反应会向深层发展，会使碳溶损率高，焦炭结构疏松，耐磨强度下降；高温时，气化反应速度快，内扩散阻力增加，CO_2 来不及向深层扩散就与碳原子反应，此时虽焦炭失重增多，但大部分为表面溶损，深层溶损降低，对焦炭内结构影响较小，对焦炭强度的影响相对也较小，但对块度影响较大。

至于压力对碳溶反应的影响，在一般状态下和在高炉中是不同的。一般情况下，对于气化反应 $C(s) + CO_2(g) \Longrightarrow 2CO(g)$，若体系内 CO_2 的分压 p_{CO_2} 增大，会使气化分压速率增大，从而引起反应性上升，热强度下降，反之亦然。但从另一方面来考虑时，情况就不同了。气化分压的平衡常数式可表示为：

$$K_p = \frac{p_{CO}^2}{p_{CO_2}} = \frac{[w(CO)^2 \times p]}{[w(CO_2) \times 100]}$$

式中　　　　　　p——体系的总压，MPa；

$w(CO)$，$w(CO_2)$——分别为它们在体系中质量分数，%。

　　由于 K_p 只是温度的函数，故若温度不变，压力的变动仅能在保持 K_p 不变下引起成分的变动。在高炉内的温度条件足够时，CO_2 分压的增加有利于气化反应正向进行，从而引起体系的总压增加，这反过来又促进平衡向逆向反应方向移动，引起气相中 CO_2 浓度增加，CO 浓度降低。于是反应平衡成分的等压线随压力的增加而下移，如图3-4所示。这说明高炉中高压操作对焦炭的气化反应有抑制作用[11]。

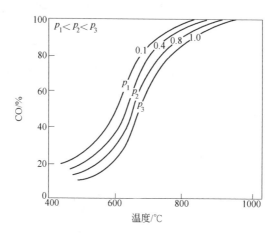

图 3-4　压力对反应气相平衡成分的影响

　　除上面提到的温度、压力对碳溶反应有影响外，碱金属及焦炭的气孔、显微结构组成等因素均对碳溶反应有影响，这些将在以后章节中加以讨论。

　　（2）水蒸气碳溶反应。焦炭与 H_2O 反应（$C + H_2O \rightleftharpoons CO + H_2$）。

　　此即水煤气反应。H_2O 是由煤气中的 H_2 通过高温块状带时参与铁矿石还原夺取其中的［O］而形成的。随着富氧喷吹粉煤技术的发展，煤气中的 H_2 含量显著增加。对焦炭与 H_2O 反应也因此越来越受到关注。

　　据报道[12]，H_2 对焦炭的溶损作用随温度升高而加强，如图

3-5 所示。900℃时不会产生水煤气反应，故此时 H_2 对焦炭没有劣化作用。1300℃时 H_2 参与还原反应生成 H_2O，其中有相当一部分 H_2O 被碳还原成 H_2，从而对焦炭结构起破坏作用。值得注意的是，在 1300℃、CO 含量一定时，有 H_2 和无 H_2 的气流对溶损率的影响要差 14% 左右。那么，H_2O 和 CO_2 究竟哪一个与焦炭的反应速度快呢？Y. Iwanaga 对于不同温度下，H_2O（g）和 CO_2 与焦炭反应的速度常数进行了测定，得到如下结果[12]：在相同的气体条件下，低温时焦炭与 H_2O 的反应速度高于它与 CO_2 的反应速度，但高温时二者相差不大。日本学者研究认为，造成反应速度差异的原因是因为反应方式不同。即在 1200℃下，CO_2 反应侵入到焦粒内部，而水蒸气反应接近界面反应。而在 1700℃下，二者都接近界面反应。因此，此时反应气种类不同几乎不存在差别。

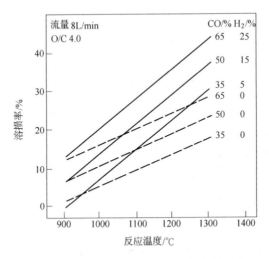

图 3-5　温度、CO%、H_2% 对溶损率的影响

此外，就 H_2 本身而言，它对 $C + CO_2 \Longrightarrow 2CO$ 反应是起抑制作用的。有人曾对此做过试验[13]，H_2 的抑制作用从图 3-6 中可

以看出。那么，如果高炉尽量多使用预还原矿石，减少由于 H_2 参加矿石的还原反应而生成的 H_2O 给碳溶反应带来的影响，就可以尽量减轻由于煤气中 H_2 含量增加给高炉带来的危害。

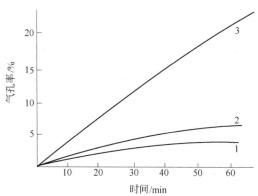

图 3-6 加氢和加水对反应性的影响

1—通 H_2，CO_2；2—通 CO_2；3—通 H_2O，CO_2

3.3.1.3 液渣、液铁的冲刷作用和渗炭作用

冲刷作用和渗炭作用对焦炭的劣化肯定会有负面影响，只是较少见到公开发表的因冲刷和渗碳导致焦炭劣化的量化确凿数据。

3.3.1.4 碱金属

高炉碱害问题是 20 世纪 60 年代末开始引起注意的。高炉中碱的存在使焦炭的劣化大大加剧。随着高炉富氧喷煤技术的发展，焦炭在高炉内的停留时间加长，其受碱侵蚀的程度也有所加深。

焦炭与碱金属结合能力对钾和钠不同。风口焦中所含钾和钠总量比入炉焦高。但风口焦中 K_2O 含量增加的幅度比 Na_2O 增加的幅度大[34]。

高炉中产生循环碱的温度范围为 700～1400℃，甚至有时在 1500℃还存在。碱金属与高炉内气体发生反应生成氧化物、氰化物、碳酸盐、硅酸盐，且稳定性顺次提高。在 1000℃ 以上，硅酸盐是唯一的稳定相。碱金属的化合物在高炉中随其所处部位的温度作动态变化。氰化物在焦炭降解中的作用,目前尚不清楚,有的只是推测。

碱金属对于焦炭的劣化作用主要分为两方面:对焦炭强度的影响和对碳溶反应的催化作用。

(1) 对焦炭强度的影响。高炉中的碱金属主要是指钾、钠而言的。钾、钠在焦炭中的存在形态可归纳为表面吸附、水溶性盐类、碳的化学结合。其中,对焦炭质量影响较大的是与碳的化学结合。与碳结合的钾、钠能进入碳的晶体结构层间,而且有一定的深度,有些形成层间化合物(如 C_8K、$C_{60}K$ 等),有些则嵌入层间以分子状态存在(如 K_2CO_3)。这样,进入晶体内部的碱金属,使得石墨碳层间距被拉开,产生剧烈的体积膨胀,导致焦炭的气孔壁疏松,裂纹增多,机械强度下降。马钢钢研所曾对此进行过试验[14],发现:焦炭在吸附碱金属后呈黑色,并产生裂纹和粉化现象。随焦炭吸附碱量的增加,焦炭的转鼓强度降低。胡源申曾在 900℃ 通 N_2 条件下,对不同碱含量的焦炭的热强度进行了测定,结果见表3-1,进一步证实了这一结果。

表 3-1　碱与形成层间化合物导致焦炭热强度降低

吸附 K_2CO_3 量/%	0	0.77	1.97	2.78	3.26
热强度/%	86.0	80.8	77.3	76.1	66.9

(2) 对碳溶反应的催化作用。对碱金属的催化作用的研究较多[15~17],结论也较一致。认为,碱金属对碳溶反应的催化作用,使得焦炭的反应性大幅度提高,表面反应加剧。据资料介绍[18,19],碱金属的催化作用一般在 1000℃ 左右较明显。

关于碱金属对碳溶反应的催化机理,普遍被人们所接受的有两种:一种是碱金属通过吸附作用扩散到石墨晶体内部,使晶体的边界变弱,反应的活化能降低,从而利于气化反应的进行。另一种是,在以钾、钠或其碳酸盐进行的 CO_2 催化反应中,反应物焦炭的 X 射线衍射图中可以察见有碳酸盐峰,同时,也有石墨

层间化合物 C_nK 峰[20]。分析其催化过程，如下式所示：

$$K_2CO_3 + 2C \rightarrow 2K + 3CO$$
$$2K + 2nC \rightarrow 2C_nK$$
$$2C_nK + CO_2 \rightarrow (2C_nK) \cdot O \cdot CO \rightarrow (2nC)K_2O + CO$$
$$(2nC)K_2O + CO_2 \rightarrow (2nC)K_2CO_3 \rightarrow 2nC + K_2CO_3$$

同时，碱金属对焦炭碳溶反应的催化作用，还体现在对开始进行反应与激烈反应的温度的降低上。由于开始反应和激烈反应的温度越低，从而使间接还原区变小，直接还原区扩大，焦炭在高炉中劣化也就越剧烈。有人对此做过试验，试验结果见表3-2，进一步证实了碱的催化作用。据此，应尽量降低炉料中碱含量和注意炉渣排碱。

表 3-2 增碱对焦炭气化反应开始进行和
激烈进行温度（℃）变化的影响[32]

焦 炭	未增碱开始反应温度	增碱后开始反应的温度	开始反应温度下降	激烈反应温度下降
马钢焦	980	880	100	160
徐钢焦	860	780	80	153

3.3.1.5 高温高速气流冲击

风口回旋区的2000℃以上高温高速气流冲击，导致焦炭剧烈氧化和快速粉化，同时，也由于焦炭结构中灰分分解促进焦炭劣化。

3.3.1.6 高温热应力

对国内外高炉解剖的结果表明，焦炭质量劣化始于炉身下部，炉腹以下焦炭质量迅速降低，至回旋区则又一次明显劣化。对于生产高炉，温度高于1300℃处，除塔式结构外围区域，其他部位 CO_2 浓度已很低，碳溶反应已不显著，因此，可以说，高炉温度在1300℃以上区域，热劣化应是焦炭劣化的又一个重要因素。至于热劣化的机理,目前已有多种说法,如:有人认为焦炭在大型高炉中升温到1500℃,按7h计,升温度为3.5℃/min,有利于消除熄焦时急速冷却所产生的热应力,且不会因此引起很强的热应力,即使有,效果也应仅是碎裂成小块焦,而非焦粉,故对透气性的影响远小于粉末;从试验推断焦炭进入高炉滴落带时,由于1350~1500℃高温所形成对焦炭的热应力作用,可能对焦炭进一步劣化的影响不会很显著[7];又有人提出:焦炭经热处理抗压强度可升高约70%,结构强度增加41%,认为这是由于碳原子排列有序化提高所致,还认为热劣化可能是由于微观龟裂增加所引起。这种龟裂源于焦炭不同显微结构间膨胀收缩不同所引起的;1800℃以上,由于灰分的挥发,引起气孔率急剧增加而导致焦炭劣化;有人认为焦炭处于结焦温度之前与之后,焦粒内部产生应力变化。当应力超过其抗拉强度时,就发生龟裂;也有报道认为:高炉2000℃以上的部位,热劣化使多数焦炭发生塑性形变。认为形变原因有两种:一种是由于活性成分之间形成微观裂纹;另一种可能源于分子间的滑移等说法。

3.3.2　焦炭劣化的内部因素

3.3.2.1　焦炭气孔结构

焦炭是多孔体材料,其气孔系列参数与其机械强度和CO_2反应性均有一定关系。对焦炭气孔的研究大致分为两类:一类是焦炭的气孔构造,如焦炭的真、假密度,气孔率,气孔容积,比表面积,气孔平均直径,孔径分布,气孔壁平均厚度等参数;另一类是焦炭气孔壁强度和气孔壁材料的光学性质。这一节主要阐述前一类性质。

焦块90%以上气孔与外界相通,即开气孔,其余为闭气孔,一般不超过5%,且不同焦炭之间,差别不大。对气孔的分类,目前尚没有统一的规定。由于研究的目的不同,气孔的尺寸的划分也各不相同,对于小于10nm的气孔一般称作微气孔。

不同焦炭气孔结构差别较大，如气煤焦和瘦煤焦，开气孔率发达，气孔率高，气孔大；肥煤焦的气孔率和开气孔最小；焦煤焦介于其间。不同生产配煤所得焦炭各种气孔参数差别较小；捣固焦的气孔率比散装煤所得焦炭低[31]。对生产焦炉炭化室中焦饼而言，气孔率自炉墙向中心增大；裂纹率自炉壁向中心降低。炉头焦的大小裂纹均多。一般气孔率越低，标志基质强度指标越高。

焦炭属脆性材料，其机械强度很大程度取决于气孔结构。焦炭的脆性断裂，一般由于大气孔、裂缝和缺陷的存在。英国帕特里克（Patrick）曾对焦炭的气孔结构与抗拉强度之间的关系进行了研究，发现焦炭的抗拉强度与某些气孔参数的相关性很好[21]。江中砥等人，在对焦炭抗拉强度的研究中，也发现其与气孔和孔壁强度有关[22]。

焦炭在高炉内的气孔变化，与 CO_2 碳溶反应密切相关。一般炉腰部分气孔率剧烈增加。该区域的温度在 $1100 \sim 1200℃$，正是焦炭与 CO_2 剧烈反应区域。

一般情况下，焦炭与 CO_2 反应会使焦炭气孔率上升，孔径增加，气孔壁减薄，也会由于气孔壁的穿透，气孔合并，使气孔数减少，同时小气孔合并，或小气孔发展成大气孔。当焦炭反应后失重达 20% 时，气孔率增加 10% 左右，气孔平均直径增大 20% 左右，气孔壁减薄 10% ~ 20%；当反应后失重达 40% 时，气孔率增加 30%，孔径增大 25% ~ 30%，孔壁减薄 25% ~ 30%[21]。但气孔率与反应性之间也并非是绝对递增关系。有资料显示[23]，当气孔率大于 44% 时，反应性随气孔率增加而降低，如图 3-7 所示。这是由于气孔穿通，反应比表面积反而减少之故。

不同孔径的气孔与 CO_2 反应的程度不同。有人曾对于 4 种含各向异性程度不同的焦炭做过试验[24]，各向异性程度高的焦炭大于 $1\mu m$ 气孔孔容比反应前增加 $2 \sim 3$ 倍；而各向异性程度低的焦炭小于 $30nm$ 气孔孔容增加 3 倍左右；$30nm \sim 1\mu m$ 气孔孔容均有所减少。说明 CO_2 反应主要集中在这部分孔隙内。

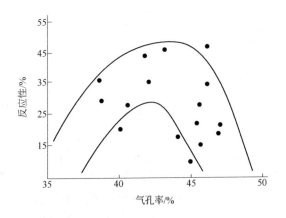

图 3-7　气孔率与反应性的关系

　　与焦炭气孔构造有关的另一参数是比表面积。它在 CO_2 反应过程中的变化，如图 3-8 所示。总的来说，随反应程度的增加，先升高后降低。对于高挥发分煤配量多的煤所得的焦炭，这种趋势较明显；而低挥发分煤配量多的煤所得焦炭，如焦炭 C；曲线

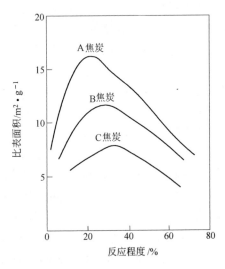

图 3-8　焦炭比表面积随 CO_2 反应程度的变化

较平缓；焦炭 B 则介于两者之间。

我们也曾对焦炭气孔结构参数对反应性关系进行过大量的研究工作。总体来说，不同焦炭的气孔参数对反应性有影响，但差别并不十分显著，而且缺少严谨的规律性。这可能是由于气孔结构参数不是反应性唯一的因素之故。

3.3.2.2　焦炭显微结构

不同的焦炭气孔壁由不同焦炭显微结构组成构成。焦炭显微结构分为各向同性、类丝炭和破片（以上三者光学性质均为各向同性，其和以 ΣISO 表示，ISO 为 isotropic 的字首 3 个字母）、细粒镶嵌、粗粒镶嵌、流动状、片状结构和基础各向异性（以上五者光学性质不同程度地均呈各向异性）[33]。这些显微结构中，除痕量（不会影响焦炭质量）的光学各向异性程度极高，又有明显特殊形态的成分是炼焦过程中因煤裂解形成荒煤气经过转辊吸附而后成焦形成的以外，其他均为炼焦煤中各种有机成分的衍生物。炼焦煤中煤岩显微组分和其衍生的焦炭显微结构两者的对应关系参见表 2-1。

由表 2-1 可知，除了半镜质组和丝质组所衍生的类丝炭和破片对焦炭显微结构组成有一定影响外，主要焦炭显微结构组成来自镜质组。

通过研究得知：不同的焦炭显微结构组成，对焦炭强度和 CO_2 反应性的影响有以下几种：

（1）对焦炭强度的影响。焦炭裂纹的生成和发展是由机械冲击和热内应力的作用引起的。以往的研究表明[25~27]：它与焦炭显微结构组成之间有着密切关系。具有镶嵌结构的碳，因各光学结构单元随机定向，产生裂纹要沿其层片方向折曲而行，且分枝多，断面大，开裂需要较多能量，故不易裂，或即使开裂也易于中止，阻碍大裂纹形成。此外，各镶嵌结构单元之间以化学键相连，有较强的内聚力。因此，镶嵌结构含量高的焦炭，强度较高；少量流动型和片状结构有大的光学结构单元，热处理时易于产生微观裂纹，并释放能量，使之难以形成大裂纹。流动型结构有助于焦炭韧性的增加。片状结构之间主要以分子力相结合，易于分离。故焦炭中过多片状结构可能会导致焦炭的耐磨强度降低。总而言之，各向异性成分含量高的焦炭强度较好，能保证焦炭具有较高的冷态强度，即 $M40$ 值高。

（2）对反应性的影响。很多资料的研究表明，在碱金属存在与不存在时，各种显微结构与 CO_2 反应性不同。

当碱金属不存在时，CO_2 对各向同性、类丝炭和破片的反应速度最高；镶嵌结构次之；其他显微结构随着光学结构单元增大，反应速度有不明显的下降，如流动性较慢，片状结构最慢。其原因主要为：碳与 CO_2 反应，主要通过表面活性炭原子吸附 CO_2 而反应，活性炭原子比一般炭原子活性高，多处于层片的边缘棱角处。各向同性碳层片杂乱地堆积，随机定向。因此，微孔和活性炭原子多，各方向均易吸附 CO_2 进行反应，故反应速度快，焦炭较易解体粉化。各向异性结构的碳层片尺寸较大，层间趋向有序，微孔和活性炭原子少，只有某些方向可以吸附 CO_2，进行反应，故反应速度小，反应性低。

当碱金属存在时，尤其在高温时，各显微结构的反应性大小趋于相近。也即当碱存在时，各向同性、类丝炭和破片的反应速度增加幅度较小，而其他各向异性组分的反应速度增加幅度变大。对此，有人在试验室条件下，用显微镜观察焦炭各种显微结构与碱金属作用后的情况[28]发现：各向同性结构，光学性能保持原有特性；而镶嵌结构与流动型结构的光学性质明显减弱，并有明显的破坏现象。此外，如上所述，各向异性结构抗碱性差的原因可能是，各向异性碳较易与碱金属形成层间化合物 K_nC，从而使得焦炭微晶层片间距增大，有利于 CO_2 进入发生反应。因此，可以说，有碱存在条件下，各向同性结构比各向异性结构具有较强的高温抗碱性。在大量风口焦和入炉焦的对比试验研究中发现[29]，风口焦的 ΣISO 含量明显高于入炉焦的 ΣISO 含量，这一试验结果验证了这一结论。

如上所述，可知焦炭显微结构组成是焦炭劣化的主要内在因素。鉴于其中的各向异性结构的高温抗碱性较差，而各向同性结构含量高的焦炭，又往往有较多的宏观裂纹和较高的气孔率，冷态强度也较差，故在配煤炼焦时，应根据高炉的具体情况，确定适宜的配煤方案，尽量获得合理的焦炭显微结构组成，以使在满足一定焦炭的冷态强度的前提下，焦炭能具有较高的高温抗碱性。

3.3.2.3 焦炭中灰分

焦炭中灰分主要来自于煤的灰分，它对高炉生产不单是影响高炉产量，增加造渣原料的成本和提高焦比，还促使焦炭在高炉中劣化。灰分高，焦炭的反应性上升，反应后强度下降。这是由于灰分均来自无机矿物质，在加热过程中均是惰性的，这些无机矿物颗粒比焦炭多孔体有大 6~10 倍的体积膨胀系数。故当焦炭多孔体在高温下收缩时，灰分颗粒却具有方向与收缩应力相反的膨胀应力。于是产生以此为中心的放射性微裂纹。这样，大于 $100\mu m$ 的微裂纹会使 CO_2 易于深入到焦炭内部结构，促使气化反应加速进行。同时，碱金属也得以深入内部加速了焦炭结构的崩溃。此外，有人对高炉中焦炭灰成分变化的研究[34]，也说明在高炉块状带，灰分中碳酸盐等的分解，使焦炭的内部结构出现削弱点；进入软融带后，其对高炉循环气氛中碱金属具有吸附作用，从而使得焦炭的碳溶反应加剧；在滴落带以后的高温区，灰分大部分被气化分解，使焦炭气孔率明显上升，比表面积增大，强度急剧下降。所以，焦炭中灰分对焦炭劣化影响是多方面的，不容忽视。

焦炭中灰分尽管有诸多对焦炭劣化的影响，但焦炭中灰分是由不同金属氧化物组成的。由于每种煤中无机矿物组成不固定，因此，焦炭中灰分的氧化物组成也不固定。这些金属氧化物对焦炭反应的催化作用不仅作用程度不同，有的甚至在反应中起钝化作用。焦炭灰分中 K_2O，Na_2O，CaO，MgO，Fe_2O_3 从强到弱有催化作用；SiO_2，Al_2O_3，TiO_2，B_2O_3 对焦炭碳溶反应有不同程度的钝化作用。

3.4　高炉富氧喷吹煤粉对焦炭劣化的影响

3.4.1　焦炭在高炉中停留时间延长

由于煤粉在风口燃烧，代替了部分下行焦炭在风口燃烧的消耗。使整个料柱下行速度减缓，延长了焦炭在高炉中停留时间，使焦炭与 CO_2 接触机会增多，碳溶反应增强，影响焦炭块度和表层结构。以下为一大型高炉实现不同水平喷煤粉时的数据记录：

（1）不喷煤粉时，风口燃烧100%焦炭，0%煤粉。

（2）喷200kg煤粉时，风口燃烧57%焦炭，43%煤粉。

（3）喷300kg煤粉时，风口燃烧35%焦炭，65%煤粉。

喷煤对炉料下行速度影响：

（1）不喷煤时，炉料自上而下需5.6h。

（2）喷200kg煤粉时，炉料自上而下需6.55h，增加17%。

（3）喷300kg煤粉时，炉料自上而下需7.16h，增加28%。

焦炭反应时间由 30min 增加到 90min 时，焦炭失重率由10%增到33%，增2.3倍，焦炭抗压由993N降至247N，降75%。焦炭结构强度由24.5降至13.5，降45%。

3.4.2　焦比降低，焦炭单位体积负荷增大

焦比降低意味着焦炭单位体积的各方面负荷增大。诸如软融带中焦窗变薄，单位体积承受的液渣，液铁冲刷增强；焦块参与碳溶反应失去的质量增多；单位质量的渣/焦比增加，使还原 Fe，Si，Mn，P 所需的碳相对量增加，以及渗铁渣所需的碳的相对量也增加。

3.4.3　喷煤使气流中 H_2 含量增加

由于喷煤使高炉气流中含 H_2 量增加。H_2 夺取矿石中的氧，

形成 H_2O。水与焦炭发生水煤气反应。且 H_2O 对焦炭反应活性甚于 CO_2，使焦炭结构溶损加剧，焦炭表层结构疏松，块度变小，对此将于第六章详述。

3.4.4　铁水、渣量和焦粉增加

喷煤操作比全焦操作的铁水和渣量均增加。铁水流动使焦炭中光学各向异性结构的石墨化程度提高，易于渗碳和劣化。在呆滞带渣量的变化范围明显比铁水变化范围大。

含碱量与小于 6.3mm 焦粉的关系：当含碱量为 2% 时，全焦操作，焦粉量为 10% ~ 35%；喷煤时焦粉为 30% ~ 50%。

喷煤时焦粉量增多，但焦炭含碱量却较低。这是由于焦块表面向内部含碱量逐渐减少有一梯度，由于焦炭外层严重磨损，残存在焦块中含碱量减少。

3.4.5　风口喷煤导致焦炭灰分变化

焦炭中灰分由各种氧化物组成，这些氧化物在高炉风口断面均可出现还原反应，致使焦炭结构破坏。焦炭到风口时，近炉壁处 SiO_2 含量较高。这是因为长期处于相对较低温度之故。SiO_2 在呆滞带边缘达最低值，因呆滞带铁水增加而加速 SiO_2 还原。Si 的存在形式与焦炭周围温度和焦炭还原过程有关。全焦操作中，风口端焦炭中 Si 以 SiC 和 Si 形式存在，而 SiO_2 含量仅为 0% ~ 2%。距风口约 200cm 处的呆滞带，SiO_2 增加；喷煤时，焦炭到风口近炉壁处，SiO_2 为 2%。距风口 25cm，Si 不再是氧化物，距风口约 150cm 超过呆滞带，SiO_2 又增加。

喷煤时，距风口端 0 ~ 15cm 处氧化物会连续还原，说明风口前即使风温不升，也会经常出现高温。焦炭入炉后至风口，焦炭灰分中 Si 仅留 50%，其余 50% 以气态 SiO 形式离开焦炭。靠近呆滞带外围处是焦炭中 Si 含量最小区，这表明以 SiO 形式的 Si 量最大。

喷煤与否，CaO，MgO 和 Al_2O_3 在风口前均会发生还原反应，

但在距风口 50~75cm 处还原反应最强。距风口 100cm 处，焦炭中的这些氧化物反而高于入炉焦。这说明 CaO，MgO 和 Al_2O_3 不仅发生了再氧化，而且富集了。

上述的氧化还原反应使焦炭中形成较多孔隙，导致焦炭加速粉化。

3.4.6　未燃尽残炭对焦炭的影响

风口大量喷吹煤粉，必然会有一部分未燃尽残炭随气流上升到炉体。由于残炭的活性高于焦炭，故这些残炭会优先替代焦炭作为还原剂与矿物反应，从而保护了焦炭结构。

由烟煤形成的残炭，其活性高于无烟煤衍生的残炭。就这一点而论，用烟煤煤粉优于无烟煤。对此，于第五章还将论述。

据上所述，高炉中与焦炭有关的化学反应，其反应程度仅对耗碳量有关，不一定与焦炭内部结构劣化程度有关。然而，焦炭本身反应性高低与反应后焦炭强度直接有关：低反应性焦炭，CO_2 易深入焦炭内部结构，反应后破坏结构，影响焦块强度；高反应性焦炭，因 CO_2 扩散受阻，只在表面反应，较少破坏内部和表层结构。

参 考 文 献

1　傅永宁. 高炉焦炭. 北京：冶金工业出版社，1995
2　Stahl u. Eisen. Karl Helnz Peters und Hans Bodo Lungen. 1992，112（11）：29~36
3　刘运良译. 国外炼焦化学，1994，3：132~143
4　鞍钢钢研所译. 高炉内现象解析. 28~39
5　R. R. Willmers et al. 第二届国际焦化会议论文集，101~109
6　周师庸. 从对焦炭在高炉中劣化过程认识的深化探讨现行高炉焦炭质量指标的模拟性和传统配煤技术概念更新的必要性. 2002 年全国炼铁生产技术会议暨炼铁年会文集，279~283
7　傅永宁. 炼焦化学，1982，10~19
8　杨永宜. 钢铁，1979，14：1~8
9　W. K. Lu et al. Ironmaking Proceedings. 1980，40：60~62

10　Tetsu Nishi et al. Ironmaking Conference Proceedings. 1988, 47: 173~174

11　胡源申. 炼铁, 1994, 6: 33~37

12　Y. Iwanaga. Ironmaking and Steelmaking, 1989, 16 (2): 101~109

13　邓守强. 焦炭在炉内的化学行为研究. 1994, 4 (9)

14　沐继尧. 高炉冶炼中的碱金属. 82~83

15　窦庆增等. 炼铁, 1991, 1, 11~15

16　赵辅民等. 太原工业大学学报, 1991, 22 (1): 104~108

17　郑修悦等. 武钢技术, 1986, 5: 2~6

18　吕劲. 首钢科技, 1992, 2: 34~37

19　薛正良等. 炼铁, 1990, 5: 19~22

20　C. Y. Wen. Cata. Rev. Sci. Eng, 1980, 22 (1)

21　中国冶金百科全书. 北京: 冶金工业出版社, 1992, 152

22　江中砥等. 燃料与化工, 1990, 21 (4): 22~26

23　史国昌等. 燃料与化工, 1988, 19 (5): 32~36

24　金慧军等. 煤化工, 1991, 1: 11~17

25　H. Marsh. 炼焦化学, 1983, 222~229

26　姜荆等. 燃料与化工, 1986, 17 (1): 10~18

27　周师庸. 应用煤岩学. 北京: 冶金工业出版社, 1985, 230~233

28　许传智等. 武钢技术, 1996, 9: 3~7

29　周师庸等. 高炉实现富氧喷吹煤粉后焦炭在高炉中行径的研究. 钢铁, 1995, 9, 6

30　Iron-making Proceedings. 1992

31　江中砥等. 焦炭宏观气孔结构参数的特征. 燃料与化工, 1994, 25(6):271~275

32　胡源申. 影响冶金焦高温性能的主要因素. 燃料与化工, 1994, 25(5):226~231

33　周师庸等. 焦炭光学性质的实用意义. 炼焦化学, 1982, 33~43

34　O. Kerkkonen. Influence of Ash Reaction on Feed Coke Degradation in the Blast Furnace. Coke-making International, 1997, 9 (2): 34~41

4 不同煤粉喷吹水平下焦炭在高炉中性质的变化

高炉风口实现富氧喷吹煤粉新技术不仅能大幅度降低焦比，缓解优质炼焦煤的严重短缺，而且还可增铁节能。从全局发展而论，有可能达到少建新焦炉，少建洗煤厂，少建新高炉。因此，已成为冶金系统的一个战略步骤。

高炉实现氧煤喷吹新技术后，焦炭在高炉中的某些功能，部分或全部可被喷吹的煤粉所取代。但由于焦比降低，焦炭作为支撑作用的负荷将进一步增强。为此，了解目前生产焦炭的质量对实现此新技术的适应性如何，以及是否尚有潜力是众所关注的问题。

要解决上述提出的课题难度很大。首先，小试和中试无法获得对生产有可信的模拟性试验结果；其次，对不同喷吹水平下高炉解剖，这虽然会获得焦炭在不同喷吹水平下焦炭在高炉中自上至下的确切状态，但信息的代价和工本太大。国际上还尚未风闻有此壮举。因此，最有条件做到的是入炉焦和其经高炉后至风口时焦炭的各种性能对比，藉此，从两者性能对比，推断焦炭在高炉中劣化过程和其不同劣化程度。由此得出不同煤粉喷吹水平对焦炭劣化的影响，以及提示喷吹水平是否已近极限。

为了洞悉不同煤粉喷吹水平下焦炭在高炉中性质变化，近十余年来，曾与国内若干有关钢铁联合企业合作进行了在不同煤粉喷吹水平下研究大量风口焦和相应入炉焦各种性能变化规律，以期推测喷吹水平不同对焦炭在高炉中性能变化的影响。以下仅是工作的部分内容和通过工作形成的部分观点[1~3,5]。

4.1　关于选择研究对象和风口取样

为使所得规律对国内外其他高炉可以借鉴，拟选具有一定先进性和代表性的大型高炉。研究对象选定高炉容积为 $4063m^3$ 正在生产的大型高炉。所采用的方法是在喷吹煤粉 75 ~118kg/t 区间不同时期 5 个不同喷吹水平时，取得风口焦和相应各批入炉焦，并检测其尽可能完全的各种常规的、非常规的指标，以资进行对比。从而推断焦炭在高炉中行径和对其劣化影响。

为使风口焦样对风口断面有充分的代表性，风口焦取样器是一为此特制的设备。风口焦样的取样器为自风口至炉中心方向伸展 3m 长，分成六段，每段 500mm，如图 4-1 所示。每个风口焦样分六段检测。各种指标的检测方法附于本章末。

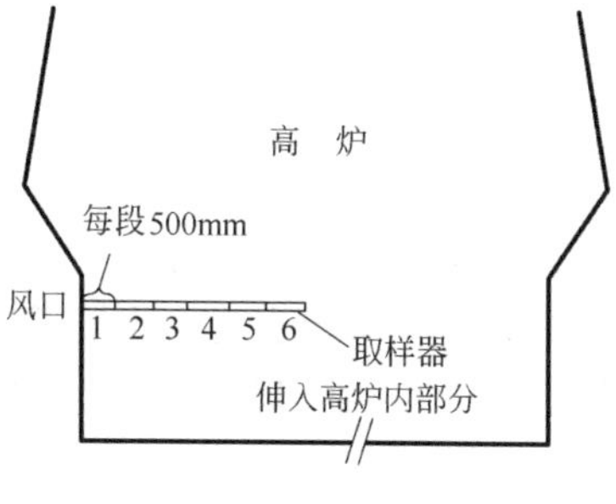

图 4-1　风口取样示意图

所取得的风口断面焦炭大致包括如下部位的焦块：靠近炉壁的前段是高炉休风时落下的炉腹焦；再往中心方向回旋区中回转循环的焦炭，因此，此处焦块较小，较圆浑，由于温度高，焦炭中含碱量降低；再向中心方向是熔化区，焦炭受渣铁侵蚀，液体由此渗入炉缸；再往里即为死料柱，此处焦炭未受高温气体影响，仍保留明显的棱角和高的强度。然而，伸入风口 3m 深的取样器是否能取得 $4063m^3$ 容积高炉风口断面的各种代表性焦样应是待研究的问题。总之，用风口取样器取得的风口焦样，在目前已是十分费时、费工、费财力的一项不小的工程，一般已不十分容易获此试验条件，比以往用风口扒焦取样已是实实在在前进了一大步。

用风口取样器取得的风口焦，由于风口断面温度高，又有液渣、液铁，因此，风口焦表面常附着一些渣铁，故首先清除附着在焦块表面的渣铁，然后按制样规定的操作制样。

4.2 不同时期入炉焦炭质量

由于不同喷吹水平下的风口焦样来之不易，故检测尽量多的项目，以期获得尽量丰富的信息。

4.2.1 检测 DI_{15}^{150}、$M40$、$M10$、CRI、CSR 和 I 转鼓强度等常规的、非常规宏观的质量指标

从表 4-1 可见，不同时期六批入炉焦的灰分、全硫和挥发分含量差异很小。冷态强度抗碎（DI_{15}^{150}，$M40$）和耐磨（$M10$）指标变化不大。焦粒平均粒径十分近似。以上各项指标的变化基本属于正常误差范围。反应性（CRI）和反应后强度（CSR）总体差异也不大。作为不同时期的生产焦样，应该认为这六批入炉焦的常规的、非常规宏观的质量指标是较稳定的。由此也说明提供焦样的企业宏观控制焦炭质量良好，为研究工作提供了良好的前提。

表 4-1 各批入炉焦常规检测结果

指 标　　取样批号	灰分 A_d /%	挥发分 V_d /%	DI_{15}^{150} /%	$M40$ /%	$M10$ /%
一	12.18	1.03	86.1	87.8	5.6
二	12.17	1.04	86.2	87.6	6.6
三	12.22	1.07	89.4	88.0	6.6
四	12.08	1.06	86.1	88.2	6.2
五	12.07	1.09	86.1	88.4	6.4
六	12.14	1.04	86.0	86.5	7.3
误差要求	0.20	0.30	1.5	3.0	1.0

续表4-1

指标 取样批号	平均粒径 /mm	CRI/%	CSR/%	$S_{t,d}$/%
一	50.2	23.0		0.50
二	50.6	23.8	66.1	0.52
三	49.9	23.9	66.9	0.52
四	50.4	23.5	65.6	0.52
五	50.1	25.6	66.2	0.51
六	49.3	22.4	69.1	0.53
误差要求	—	3.2	2.4	0.04

4.2.2 测试各种焦炭强度的试样块度减小，不同强度指标在各批焦炭间差别增大及其原因

表4-2 中所示为检测不同强度指标 3 种方法（即 I 转鼓强度、结构强度和显微强度的测定结果）。由于各方法所用转鼓强度试样的粒径和遭受力学破坏的方式不同，所以各种转鼓强度对反映焦炭冷强度各有侧重。

表4-2 各批入炉焦检测结果

指标	批号	一	二	三	四
强度/%	I 转鼓强度	87.8	89.1	88.8	90.0
	结构强度	79.1		84.8	83.5
	显微强度	40.8		50.5	50.4
气孔参数 /%	总气孔率	35.7	36.2	42.4	36.6
	开气孔率	20.1	22.8	21.8	20.5
	闭气孔率	1.5	2.6	9.4	3.6
	微裂纹率	14.1	10.8	11.3	12.5
	真密度/g·cm^{-3}	1.75	1.80	2.01	1.83

指　标	批　号	一	二	三	四
光学组织 /%	各向同性	14.9	19.2	18.7	11.9
	细粒镶嵌	18.8	25.0	15.5	8.8
	粗粒镶嵌	37.5	29.9	34.6	42.1
	叶　片	3.0	1.3	2.6	2.4
	流动型	3.1	4.0	6.2	14.9
	类丝 + 破片	19.9	20.0	19.3	16.9
	基础各向异性	2.8	0.6	3.1	3.0
	ΣISO	34.8	39.2	38	28.8
碱金属含量 (Na$_2$O + K$_2$O) /%		0.078	0.095	0.131	0.075

指　标	批　号	五	六	平均值	标准偏差 /s
强度/%	I 转鼓强度	90.3	89.5	89.3	0.90
	结构强度	83.1	83.5	82.8	2.17
	显微强度	48.3	41.9	46.4	4.69
气孔参数 /%	总气孔率	37.3	38.4	37.8	2.46
	开气孔率	25.4	22.1	22.1	1.90
	闭气孔率	2.8	2.9	3.8	2.83
	微裂纹率	9.1	13.4	11.9	1.84
	真密度/g·cm^{-3}	1.84	1.85	1.85	0.09
光学组织 /%	各向同性	13.0	10.4	14.7	3.62
	细粒镶嵌	10.8	7.7	14.4	6.67
	粗粒镶嵌	43.2	40.1	37.9	5.01
	叶　片	1.1	2.3	2.1	0.75
	流动型	9.4	12.2	8.3	4.69
	类丝 + 破片	20.1	26.1	20.4	3.05
	基础各向异性	2.4	1.2	2.2	1.04
	ΣISO	33.1	36.5	35.1	3.77
碱金属含量 (Na$_2$O + K$_2$O) /%		0.111	0.118	0.101	0.02

I 转鼓所采用的焦样粒径是 20~25mm，转鼓长度 700mm，转数 600r。此法比其他检测强度方法所用焦样粒径较大，因此，I 转鼓强度在反映焦炭冷强度，着重在焦炭宏观裂纹受到机械力作用后的碎裂，以及焦样的耐磨损情况。它与常规冷强度指标 DI_{15}^{150}，$M40$ 具有一定的相关性，测定值比较稳定。各批焦样与平均值的标准偏差为 0.90。

结构强度与 I 转鼓强度不同，它着重反映焦炭气孔结构受到力学作用后的变化情况，基本排除了焦炭内原生裂纹的影响。与工业上目前广泛使用的转鼓强度方法相比，它不再是入炉焦整体冷强度宏观性质，而是焦炭多孔体冷强度性质。从各批实测数据观察，尽管结构强度与常规转鼓和 I 转鼓强度相比已显示出差异，但各批入炉焦的该指标还是较为稳定的。入炉焦结构强度与平均值的标准偏差是 2.17。

显微强度是表示焦样粒度最小时的冷强度性质。它反映焦炭基质遭受力学破坏后的情况。入炉焦显微强度试验的结果表明：各批入炉焦显微强度差异较大。与其他强度值相比，绝对值较低，它的标准偏差为 4.69，是其他强度标准偏差的两倍以上。

总之，当试样的块度减小，所测定的强度指标在各批入炉焦之间的差别增大，这说明当焦炭逐渐去掉裂纹和气孔因素，逐渐增加焦质因素时，各批焦炭就显出明显差别。这说明各批入炉焦的焦质有较大差别。焦炭差别说明炼焦条件稳定下，配煤方案，或煤种之间有变化。

4.2.3 焦炭的气孔参数（包括气孔率、开气孔、闭气孔、显微裂纹率、真密度）

从测定的一系列气孔参数（见表4-2）得知：各批焦炭的总气孔率、开气孔率、闭气孔率和微裂纹率差别均较明显，尤以闭气孔差别最明显。其标准偏差分别为：2.46、1.90、2.83 和 1.84。各批焦样的真密度有差异，说明焦质的质量不同，此与上节所述相呼应。

4.2.4　焦炭显微结构组成差别及讨论

各批入炉焦的显微结构组成差别很大，见表4-2。这说明各批入炉焦必然是由不同煤种、不同配煤比所组成的煤料炼制而成的。不同变质程度煤中的不同显微组分在成焦过程中会形成相应的、不同的焦炭显微结构。前述各批入炉焦在气孔系列参数和焦质方面的差异主要原因就在于此。

4.2.5　焦炭灰成分分析结果

从各批入炉焦的灰分分析的结果（见表4-2）说明：焦炭灰分中碱金属氧化物含量的变化按百分率计算，变化是较大的。

总体而言，各批入炉焦的常规的、宏观的检测结果大致是稳定的。非常规的、微观的检测结果，各批入炉焦有一定差异。其原因是由于宏观的、常规的检测方法，当焦炭质量达到一定水平后，受到方法本身灵敏度的限制。非常规的、微观的检测结果各批入炉焦之间有差异的主要原因应是各批焦炭是由不同变质程度和不同煤岩组成的煤料组成的配煤炼制而成的。

4.3　风口焦性质检测结果与其对应入炉焦比较

各批风口焦质量检测结果见表4-3。各批风口焦强度系列指标的平均值与相应入炉焦比较的结果列于表4-4。

4.3.1　风口焦和对应入炉焦各种强度指标比较得出的规律

由表4-3、表4-4得知：风口焦的 I 转鼓值均比其相应的入炉焦低，平均低5.5单位；结构强度和显微强度风口焦均比相应入炉焦高，平均各增加3.7和13.7单位。这是由于 I 转鼓试样块度较大(15~25mm)，焦炭在高炉中经历碳溶反应后，焦块

表 4-3　各批风口焦质量检测结果

指标	批号	一	二	三	四	五	六	平均值	标准偏差/s
粒径分布/%	>40mm	9.1	8.0	6.1	5.4	4.6	3.9	6.2	2.01
	40~20mm	44.7	41.2	35.4	41.2	39.1	31.4	38.8	4.75
	10~20mm	26.5	26.8	26.8	28.0	26.3	19.7	25.7	2.99
	<10mm	19.7	24.0	31.7	25.4	30.0	45.0	29.3	8.81
	MSmm	22.7	21.3	19.2	20.4	19.3	16.5	19.9	2.12
强度/%	I转鼓强度	83.8	83.5	87.0	83.3	82.0	83.1	83.8	1.69
	结构强度	87.2		86.9	86.2	86.6	86.7	86.7	0.37
	显微强度	61.2		57.2	61.0	63.8	57.7	60.2	2.73
气孔参数/%	总气孔率	42.6	44.2	46.7	46.0	42.7	42.5	44.1	1.85
	开气孔率	20.6	25.3	23.5	25.6	27.7	27.4	25.0	2.65
	闭气孔率	2.5	1.8	7.8	6.2	3.6	3.9	4.3	2.28
	微裂纹率	19.4	17.1	14.1	13.6	11.3	11.2	14.5	3.25
真密度/g·cm^{-3}		1.89	1.89	2.06	2.10	2.01	1.97	1.99	0.09

续表 4-3

指标		批号 一	二	三	四	五	六	平均值	标准偏差/s
光学组织/%	各向同性	22.7	19.8	22.1	6.4	10.2	10.2	15.2	7.11
	细粒镶嵌	13.6	19.8	14.3	6.6	6.8	5.0	11.0	5.80
	粗粒镶嵌	26.7	23.5	24.1	43.7	36.7	39.7	32.4	8.72
	叶 片	1.7	1.9	1.5	2.9	0.8	1.1	1.7	0.73
	流动型	2.6	3.4	2.5	14.9	8.1	9.6	6.9	4.96
	类丝+破片	22.0	21.4	28.0	22.4	27.2	31.5	25.4	4.09
	基础各向异性	5.0	2.1	5.0	2.0	3.4	1.7	3.2	1.51
	ΣISO	44.7	41.2	50.1	28.8	37.4	41.7	40.6	7.18
	铁 渣	1.6	3.6	0.8	0.2	1.3	0.3	1.3	1.25
	炉 渣	4.1	4.5	1.7	0.9	5.5	0.9	2.9	2.01
碱金属含量 (Na_2O+K_2O) /%		0.078	0.130	0.120	0.022	0.040	0.091	0.080	0.04

表 4-4 风口焦与其对应入炉焦各项指标比较

	入炉焦		风口焦		风口焦与入炉焦比较	
	指标	平均值	指标	平均值	差值	相对变化量/%
粒径分布/%	>75mm	9.4	>40mm	6.2		
	50~75mm	39.8	20~40mm	38.8		
	25~50mm	43.0	10~20mm	25.7		
	15~25mm	2.6	<10mm	29.3		
	<15mm	5.2				
	平均粒径 mm	50.1	平均粒径 mm	19.9	-30.2	-60.3
强度/%	I转鼓强度	89.3	I转鼓强度	83.8	-5.5	-6.2
	结构强度	82.8	结构强度	86.7	3.9	4.7
	显微强度	46.4	显微强度	60.2	13.8	29.7
气孔参数/%	总气孔率	37.8	总气孔率	44.1	6.3	16.7
	开气孔率	22.1	开气孔率	25.0	2.9	13.1
	闭气孔率	3.8	闭气孔率	4.3	0.5	13.2
	微裂纹率	11.9	微裂纹率	14.5	2.6	21.8
	真密度/g·cm^{-3}	1.85	真密度/g·cm^{-3}	1.99	0.14	7.6

续表 4-4

指	标	入 炉 焦		风 口 焦		风口焦与入炉焦比较	
		平均值	指 标	平均值	差 值	相对变化量/%
光学组织 /%	各向同性	14.7	各向同性	15.9	1.2	8.2
	细粒镶嵌	14.4	细粒镶嵌	11.5	-2.9	-20.1
	粗粒镶嵌	37.9	粗粒镶嵌	33.8	-4.1	-10.8
	叶　片	2.1	叶　片	1.8	-0.3	-14.3
	流动型	8.3	流动型	7.2	-1.1	-13.3
	类丝+破片	20.4	类丝+破片	28.5	6.1	29.9
	基础各向异性	2.2	基础各向异性	3.3	1.1	50.0
	ΣISO	35.1	ΣISO	42.4	7.3	20.8

增加了裂纹因素，使强度降低；而结构强度和显微强度的试样块度各为 3~6mm 和 0.6~1.25mm，不同程度地减小了裂纹因素，增强了焦质因素，特别是由于焦质经历了高炉高温处理，提高了石墨化程度，使焦质的化学结构进一步致密，从而使结构强度和显微强度比其相应入炉焦高。关于风口焦提高石墨化程度，这从风口焦测得的真密度比其对应入炉焦高（平均增加 0.14）的结果也可得到佐证。

4.3.2　风口焦和对应入炉焦的各种气孔参数比较得出的规律

在测得风口焦和对应入炉焦的气孔系列指标中得知：风口焦的气孔率比入炉焦明显增加，平均增加 6.3%；开气孔率和显微裂纹率同样是风口焦比入炉焦有所提高，平均各提高 2.9% 和 2.6%。这是由于焦炭在高炉中经历碳溶反应使原有气孔和微裂纹扩大，以及新形成一些气孔和微裂纹，使孔容增大；风口焦和入炉焦的闭气孔率无明显变化，这是由于 CO_2 分子不能或不易进入闭气孔中之故。

4.3.3　风口焦和对应入炉焦在显微镜下观察结果的差别

在显微镜下测量，风口焦的平均孔径比对应入炉焦大；风口焦平均孔壁厚度比对应入炉焦大大减薄；气孔分布的变化较复杂，大致是焦炭经碳溶反应，气孔逐级上提。风口焦和对应入炉焦的差别均归因于焦炭在高炉中经历碳溶反应之故。

4.3.4　风口焦和对应入炉焦的焦炭块度比较得出的规律

从表4-3和表4-4得知，风口焦的块度明显比入炉焦的块度减小。焦炭经高炉后，经历一系列的物理和化学的作用，特别高温循环碱存在下的碳溶反应，块度减小是完全可以理解的。

4.3.5　风口焦和对应入炉焦的真密度差别

风口焦真密度比其相应入炉焦高，平均增加 0.14。这是由于风口焦经历高炉高温区，提高了石墨化程度之故。真密度随石墨化程度提高而提高。

4.3.6　风口焦和对应入炉焦的显微结构组成比较得出的规律

各批入炉焦和对应风口焦的显微结构组成及变化分别见表4-2、表4-3和表4-4。由表得知：风口焦中各向同性、类丝炭、破片之和（以 ΣISO 表示，均为光学各向同性结构）明显比入炉焦中的高，平均高出7.3个单位。这是由于焦块表面或表层是碳溶反应进行得最剧烈所在，而测定显微结构的焦样是用大于10mm 的整块焦炭粉碎到1mm 以下经制成光片，在显微镜下测定的。因此，实际上风口焦表面或表层的 ΣISO 含量还远不止高出7.4。由此可以得出，在高炉中，在高温循环碱侵蚀的条件下，焦炭中 ΣISO 应比焦炭中其他的各向异性结构的抗高温碱侵蚀的能力强。这是一个重要的结论，不论从理论上或经济上均将显示其重要意义。

过去，对于不同焦炭显微结构与 CO_2 反应性强弱问题，国内外曾发表过不少结论不完全相同的报道。大多数为在实验室中无碱条件下的试验结果，即 CO_2 的选择性反应由强到弱的次序均为各向同性、破片、类丝炭高于各种各向异性结构，而且各向异性的结构中，一般认为光学结构单元小的，CO_2 反应性比光学结构单元大的高。但也有报道：在实验室碱存在的条件下，特别在碱含量较高的条件下，上述这种规律就不存在，甚至规律反转。然而从上述大型生产高炉中取得多批风口焦和对应入炉焦样做系统的常规和非常规检测项目，所得出结果作对比，从而得出有说服力的结论却是前所未有的。此外，第四批风口焦的 ΣISO 含量比对应入炉焦的 ΣISO 几无增减，似与结论不符，但从表4-3得知：此风口焦样的总含碱量 $Na_2O + K_2O$ 仅为0.022%，远比其他批风口焦的低，故不但没有矛盾，而且再一次佐证了所作出的结论，即高炉中碱量影响 CO_2 对焦炭各种显微结构反应的选择性。

至于焦炭经高炉后，一系列反应影响对焦块内部结构的深度如何，美国内陆钢铁公司曾作过以下试验：用风口焦作 100r，300r，500r，700r 4 种不同转数的米库转鼓试验。然后，将焦粉测定显微结构组成。得出结果是：100r 和 300r 后的焦粉与入炉焦的显微结构组成不同，300r 以上转后的焦粉与入炉焦的相同。这说明焦炭经高炉的反应仅止于焦炭表层，尚未进入到焦块中心[4]。

焦炭中各向同性结构的抗高温碱侵蚀的能力优于各向异性的原因，较易为人们接受的解说是：由于焦炭中各向异性结构的碳层片间排列较有规则，它与 Na，K 易生成层间化合物，这样，致使层片之间距离增大，体积膨胀，导致龟裂而易于生成次生微裂纹。因此，由于其比表面积增大而提高了与 CO_2 的反应性。相反，焦炭中各向同性结构，其碳层片是乱层堆积的，不易与 Na，K 形成塞入式的化合物，故而不会因此增加表面积。焦炭中各向同性结构主要来自低变质程度、高挥发分炼焦煤（气煤类煤）中的镜质组，也来自半镜质组和丝质组。这类低变质程度、高挥发分煤占我国炼焦煤储量的 60% 左右，而且我国此类煤一般灰分较低，且较易选。因此，长期以来，配煤中多用该类煤成为炼焦工作者重要任务之一。但传统的配煤技术，欲提高焦炭强度，历来强调多配中变质程度、强黏结性煤（肥煤、焦煤）。中变质程度煤中的镜质组是衍生各种各向异性结构的母体。因此，上述试验结果，实际上对高炉用焦的配煤技术的传统概念提出了作修正的必要性。如果这一试验结果为生产所采用，为合理利用储量丰富而价廉的低变质程度炼焦煤提出了新的科学依据，而且还会因此而降低焦炭灰分，故而这一研究结果应有较大潜在的经济效益和社会效益。

4.3.7　重复验证 ΣISO 的抗高温碱侵蚀能力

由于上述结论在学术上和生产上均有重要意义，为慎重起见，用下列试验进一步验证这一结论。

　　由于风口焦样是入炉焦在高炉中，经历剧烈的碳溶反应，其焦块表层经过反应脱落的部分占风口焦样中小于10mm筛级中的绝大部分。故对各批风口焦样中小于10mm的焦粒测定其焦炭显微结构组成所得的规律应更具说服力。风口焦中小于10mm焦样测定结果见表4-5。各批风口焦小于10mm焦末中ΣISO含量与其相应入炉焦相比较，各批分别增加18.4%，12.3%，12.4%，10.8%，14.4%，15.6%。平均增加14.0%。而以大于10mm的焦块为试样测得的ΣISO平均值增加仅为7.3%。故前者比后者ΣISO含量增加的幅度近一倍。由此可以得知，由于焦炭在高炉中，焦块表层中各向异性结构因易于产生碳溶反应，消失的量比在焦块表层的ΣISO消失得多。这样，不仅使焦块表层气孔孔径增大，孔壁减薄，而且易于使焦块表面结构疏松，强度减弱，易于因受外力而成焦末。显然，磨损和粉化下来小于10mm的焦末，其含ΣISO量较入炉焦中的高是可以理解的。至此，可再一次证明：在目前配煤调节幅度内、现有备煤和炼焦条件下，以及目前高炉中存在循环碱的生产条件下，所用焦炭中光学各向同性的显微结构，即ΣISO，比其所含光学各向异性结构有较强的高温抗碱碳溶反应的能力。

表 4-5　小于 10mm 风口焦与入炉焦显微结构组成（％）比较

风口焦	第一批		第二批		第三批		第四批	
	均值	增值	均值	增值	均值	增值	均值	增值
各向同性	25.5	10.6	19.7	0.5	20.1	1.4	8.3	-3.6
细粒镶嵌	12.3	-6.9	16.2	-8.8	12.8	-2.7	6.2	-2.6
粗粒镶嵌	26.7	-10.8	23.0	-6.9	26.8	7.8	38.5	-3.6
叶　片	2.2	-0.9	7.0	3.0	4.9	-1.3	10.8	-4.1
流动型	1.2	-1.8	0.4	-0.9	1.7	-0.9	2.7	0.3
类丝＋破片	27.6	7.7	31.9	11.9	30.3	11.0	31.3	14.4
基础各向异性	4.4	1.6	2.1	1.5	3.3	0.2	2.3	-0.7
ΣISO	53.1	18.4	51.6	12.3	50.4	12.4	39.6	10.8

风口焦	第五批		第六批		平均增值
	均　值	增　值	均　值	增　值	
各向同性	14.2	1.2	10.7	0.3	—
细粒镶嵌	4.1	-6.7	4.5	-3.2	—
粗粒镶嵌	39.9	-3.3	31.7	-8.4	—
叶　片	4.9	-4.5	8.6	-3.6	—
流动型	0.7	-0.4	1.4	-0.9	—
类丝 + 破片	33.3	13.2	41.4	15.3	—
基础各向异性	3.0	0.6	1.7	0.5	—
ΣISO	47.5	14.4	52.1	15.6	14.0

4.3.8 ΣISO 作为高炉焦炭质量指标的可能性

长期以来，炼铁和炼焦工作者逐渐共同感到目前高炉所用焦炭的质量指标缺少模拟性。因此，极需要提出一个新的指标，它一方面能标志焦炭在高炉中高温抗碱侵蚀能力，另一方面又能体现焦炭本质的指标。这特别是当高炉风口实现喷吹煤粉新技术，焦比大幅度降低以后，尤其显得需要。从上述两个系列的生产性实验结果，共同证实了 ΣISO 的抗高温碱侵蚀能力优于各向异性结构的结果。因此，配煤中，只要有足够的粘结性，ΣISO 含量可以尽量高，这样，对焦炭实际质量应是有益无害的[5]。实际上，这一试验结果已向我们提示了 ΣISO 作为一个新的焦炭质量指标的可能性。但对此，尚需积累大量结合高炉生产的各种有关指标进行数学统计和处理，继而得出此指标适用范围和适应条件，然后在生产上试用。

4.4　高炉风口断面不同部位焦炭的检测结果

风口焦取样机是自高炉风口向中心伸展 3m，分六段，每段500mm，每批共可取得六段的风口焦样。各批从风口向中心伸展3m 分为六段的各段风口焦的检测结果综合地列于表 4-6。

表 4-6 高炉风口断面不同部位焦炭的检测结果

指标	部位	第一批						第二批					
	标号	0~500mm	500~1000mm	1000~1500mm	1500~2000mm	2000~2500mm	2500~3000mm	0~500mm	500~1000mm	1000~1500mm	1500~2000mm	2000~2500mm	2500~3000mm
粒径分布/%	<10mm	8.9	10.32	15.98	22.91	40.58	—	6.2	12.3	22.7	54.8	—	—
	10~20mm	15.45	19.09	37.32	35.95	24.57	—	14.4	30.3	38	24.6	—	—
	20~40mm	41.53	61	46.7	41.14	33.14	—	53.6	51.2	39.3	20.6	—	—
	>40mm	34.12	9.59	0	0	1.71	—	25.8	6.2	0	0	—	—
涂蜡法测气孔参数	总气孔率%	—	43.51	42.33	43.49	40.9	—	—	43.53	43.97	45.18	—	—
	开口气孔率%	—	19.35	22.52	21.39	19.06	—	—	23.09	25.37	27.43	—	—
	闭口气孔率%	—	2.5	3.08	2.49	2.08	—	—	3.45	1.05	0.93	—	—
	微裂纹率%	—	21.66	16.73	19.61	19.76	—	—	16.99	17.55	16.83	—	—
	真密度/g·cm⁻³	1.874	1.906	1.917	1.902	1.854	—	—	1.944	1.893	1.823	—	—
镜下法测气孔结构参数	气孔率/%	55.8	56.4	56	59.5	61.3	—	57	54.8	57.3	55.1	—	—
	平均孔径/μm	54.6	53.1	44.3	49.9	55.9	—	39.6	40.1	38.8	40.8	—	—
	平均壁厚/μm	43	40.7	34.5	33.3	35	—	29.7	32.7	29.1	33.1	—	—
	孔径分布 <10μm	42.7	44.7	48.9	49.2	41.6	—	57.2	56.2	56.7	—	—	—
	10~20μm	16	16.8	17.1	15.7	16.3	—	13.8	13.8	13.7	—	—	—

续表 4-6

批号			第一批						第二批				
部位		0~500mm	500~1000mm	1000~1500mm	1500~2000mm	2000~2500mm	2500~3000mm	0~500mm	500~1000mm	1000~1500mm	1500~2000mm	2000~2500mm	2500~3000mm
指标													
镜下法测气孔结构参数 孔径分布	20~40μm	14.2	14.1	14	14.8	15.9	—	11.7	11.3	12.6	—	—	—
	40~60μm	7	6.4	6.4	6.3	7.3	—	4.9	5.5	4.5	—	—	—
	60~80μm	1.9	0.8	0.6	0.5	1.1	—	0.2	0.4	0.3	—	—	—
	80~100μm	3.3	2.8	2.1	2.2	2.8	—	1.7	1.7	2	—	—	—
	100~120μm	2.2	2.4	2.3	2.4	2.8	—	1.9	2.2	1.5	—	—	—
	120~150μm	2.9	2.1	1.8	2	3.2	—	2	2	2.1	—	—	—
	150~200μm	3.3	2.6	1.9	1.5	2.2	—	1.9	2.2	2	—	—	—
	>200μm	6.5	7.3	4.9	5.4	6.8	—	4.7	4.7	4.6	—	—	—

续表4-6

批号		第一批						第二批					
指标	部位	0~500mm	500~1000mm	1000~1500mm	1500~2000mm	2000~2500mm	2500~3000mm	0~500mm	500~1000mm	1000~1500mm	1500~2000mm	2000~2500mm	2500~3000mm
显微结构/%	各向同性	21.5	21.0	26.0	25.2	26.2	—	19.8	19.5	21.2	25.7	—	—
	细粒镶嵌	16.5	13.0	10.7	12.1	19.9	—	20.4	23.3	22.4	20.5	—	—
	粗粒镶嵌	32.2	31.4	27.2	29.6	20.9	—	27.7	26.5	23.8	23.8	—	—
	流动型	2.9	4.2	4.3	1.5	1.1	—	4.6	3.6	3.6	2.9	—	—
	叶片	1.7	2.2	1.7	1.7	1.4	—	2.5	1.5	2.2	1.8	—	—
	类丝+破片	20.6	22.3	23.9	24.8	25.5	—	23.0	23.4	24.0	23.1	—	—
	基础各向异性	4.6	5.9	6.2	5.1	5.0	—	2.0	2.2	2.8	2.2	—	—
灰分中碱含量/%	Na_2O	0.064	0.029	0.009	0.022	0.014	—	0.083	0.05	0.036	0.024	—	—
	K_2O	0.14	0.018	0.026	0.034	0.035	—	0.15	0.14	0.016	0.02	—	—
强度/%	显微强度	—	62.6	60.8	61.7	59.8	—	—	—	—	—	—	—
	I转数	83.8						83.5					
	结构强度	87.1						—					

续表 4-6

指标	部位	第三批 0~500mm	500~1000mm	1000~1500mm	1500~2000mm	2000~2500mm	2500~3000mm	第四批 0~500mm	500~1000mm	1000~1500mm	1500~2000mm	2000~2500mm	2500~3000mm
粒径分布/%	<10mm	8.71	10.41	29.58	53.34	56.52	—	5.6	8.12	17.2	29.23	44.99	47.13
	10~20mm	24.84	33.39	34.41	22.11	19.22	—	11.2	32.79	44.7	32.23	23.39	23.56
	20~40mm	48.87	53.6	36.31	19.93	18.42	—	67.2	52.66	33.19	33.22	31.62	29.31
	>40mm	17.58	2.6	0	4.62	5.84	—	16	6.43	4.91	5.32	0	0
涂蜡法测气孔参数	总气孔率/%	49.31	48.98	43.66	47.32	44.29	—	47.13	44.51	47.58	45.65	46.72	44.31
	开气孔率/%	23.53	20.94	24.55	24.31	25	—	24.78	25.83	27.35	24.64	24.21	26.82
	闭气孔率/%	13.2	12.47	3.71	9.47	5.84	—	8.47	6.01	9.09	7.66	5.94	3.49
	微裂纹率/%	12.58	15.57	15.4	13.54	13.45	—	13.88	12.67	11.14	13.35	16.57	13.98
	真密度/g·cm⁻³	2.186	2.108	1.964	2.054	1.998	—	2.135	2.069	2.197	2.088	2.074	2.035
镜下法测气孔结构参数	气孔率/%	54.7	54.6	54.6	56.9	56.9	—	53.9	56.6	53.2	57	59.8	56.6
	平均气孔径/μm	48.9	48.8	45.8	45.6	47.9	—	47.2	51.6	47.3	62	57.1	55.8
	平均壁厚/μm	40.1	40.2	37.4	34.5	36	—	39.5	39.2	41.1	44	38	42.5
	孔径分布 <10μm	48.9	46.5	47.5	50.5	47.9	—	39.5	39.9	37.8	33.8	33.6	35.2
	10~20μm	13.7	14.5	15.8	15.7	14.5	—	15.3	15.2	15.8	15.2	15.7	14.2

续表4-6

指标		批号部位	第三批						第四批					
			0~500mm	500~1000mm	1000~1500mm	1500~2000mm	2000~2500mm	2500~3000mm	0~500mm	500~1000mm	1000~1500mm	1500~2000mm	2000~2500mm	2500~3000mm
镜下法测气孔结构参数	孔径分布	20~40μm	13.9	13.3	15.1	11	13.3	—	14.9	15.2	15	16.6	18.3	15.6
		40~60μm	6.9	7.5	5.9	6.7	7.8	—	7.7	6.9	9.8	7.6	8.7	8.3
		60~80μm	1.1	0.7	0.7	0.6	0.4	—	5.9	5.2	4.8	6.1	4.8	5.6
		80~100μm	2.2	3.6	2.5	2.3	2.7	—	4.1	3.5	4.1	4	3.8	4.3
		100~120μm	2.1	2.9	2.2	2.1	2.3	—	3.1	2.5	2.4	3.6	2.6	3.0
		120~150μm	2.4	3.4	2.6	2.2	3.2	—	2.6	2.8	2.2	3.8	2.6	3.8
		150~200μm	2.5	2.8	2.7	3.2	2.2	—	1.9	3.2	3.3	2.7	3.2	2.9
		>200μm	6.3	4.8	5	5.7	5.7	—	5	5.6	4.8	6.6	6.7	7.1

批号　部位		第三批						第四批					
指标		0~500mm	500~1000mm	1000~1500mm	1500~2000mm	2000~2500mm	2500~3000mm	0~500mm	500~1000mm	1000~1500mm	1500~2000mm	2000~2500mm	2500~3000mm
显微结构/%	各向同性	20.8	23.7	25.9	20.8	22.6	—	8.6	6.7	5.7	6.1	5.2	6.7
	细粒镶嵌	14.2	13.1	13.0	16.0	17.1	—	6.2	7.4	8.2	9.3	3.4	5.0
	粗粒镶嵌	32.8	26.0	20.6	23.1	21.3	—	42.8	42.4	44.4	44.5	45.5	45.5
	流动型	3.0	3.1	2.0	2.8	1.7	—	14.9	16.5	16.6	9.3	17.0	16.2
	叶片	1.4	1.2	1.1	1.7	1.9	—	2.8	3.4	2.4	3.2	3.2	2.4
	类丝+破片	23.9	29.1	32.5	29.8	28.5	—	22.1	21.7	21.6	24.7	23.8	22.2
	基础各向异性	3.9	3.8	4.9	5.8	6.9	—	2.6	1.9	1.1	2.9	1.9	2.0
灰分中碱含量/%	Na_2O	0.041	0.026	0.026	0.049	0.086	—	<0.010	<0.010	<0.010	<0.010	<0.010	0.026
	K_2O	0.11	0.039	0.034	0.068	0.12	—	0.021	<0.010	<0.010	0.021	0.022	0.043
强度/%	显微强度	56	56.8	57.7	59	56.7	—	61	62.4	61.6	62.9	59.5	58.1
	I转鼓	87.0						83.3					
	结构强度	86.9						86.2					

续表4-6

批号 部位 指标		第五批						第六批					
		0~500mm	500~1000mm	1000~1500mm	1500~2000mm	2000~2500mm	2500~3000mm	0~500mm	500~1000mm	1000~1500mm	1500~2000mm	2000~2500mm	2500~3000mm
粒径分布/%	<10mm	8.56	10.23	25.12	50.92	55.18	—	15.11	43.48	55.03	50.52	53.37	52.51
	10~20mm	20.85	33.26	42.25	21.08	13.82	—	27.08	24.02	10.87	13.57	18.75	24.08
	20~40mm	64.17	47.96	30.57	28	24.96	—	51.04	32.5	26.29	31.07	24.27	23.41
	>40mm	6.42	8.58	2.06	0	6.04	—	6.77	0	7.81	4.84	4.09	0
涂蜡法测气孔参数	总气孔率/%	43.84	42.55	43.92	43.17	40.23	—	43.05	43.02	42.68	43.33	42.22	40.5
	开气孔率/%	30.87	27.73	26.82	26.53	26.4	—	28.72	29.61	27.27	25.84	26.79	26.19
	闭气孔率/%	5.19	3.06	3.79	4.43	2.32	—	4.4	4.85	2.58	5.48	3.37	2.41
	微裂纹率/%	7.78	11.76	13.3	12.21	11.51	—	9.93	8.56	12.83	12.01	12.06	11.9
	真密度/g·cm^{-3}	2.037	1.995	2.002	2.057	1.976	—	1.967	2.002	1.97	1.977	1.964	1.915
镜下法测气孔结构参数	气孔率/%	57.2	58.0	61	57.4	54.7	—	57	57.6	57.2	57.6	54.5	57
	平均孔径/μm	48.7	45.4	48.1	48	41.9	—	42.7	45.1	44.4	45.1	37.3	42.4
	平均壁厚/μm	36.1	32.7	30.4	35.4	34.3	—	32	32.9	33.1	32.9	31.3	31.8
	孔径分布 <10μm	41	44.5	37.8	39.4	45.4	—	45.2	38.3	41.6	42	49.5	45.2
	10~20μm	15.4	15.4	16.1	16.4	15.2	—	13.6	15.4	14.8	16.3	14.6	14

续表 4-6

批号 指标	部位	第五批						第六批					
		0~ 500mm	500~ 1000mm	1000~ 1500mm	1500~ 2000mm	2000~ 2500mm	2500~ 3000mm	0~ 500mm	500~ 1000mm	1000~ 1500mm	1500~ 2000mm	2000~ 2500mm	2500~ 3000mm
镜下法测气孔结构参数 孔径分布	20~ 40μm	15.2	14.3	18.5	16.3	13.7	—	15	16.8	16.4	15.4	13.5	15.4
	40~ 60μm	6.6	6.4	7.2	6.9	6.4	—	7	9.3	7.1	7.5	6.2	6.9
	60~ 80μm	5	4	5.5	4.6	4.3	—	5	4.4	4.6	4.2	3.4	5.3
	80~ 100μm	4	2.9	3.7	3.6	3.7	—	2.9	3.5	3.3	2.4	2.7	2
	100~ 120μm	2.5	2.1	1.6	2.5	2.3	—	1.9	2.4	2	2.2	1.9	2
	120~ 150μm	2.2	2.3	1.9	2.5	2.3	—	2.5	2.7	3.3	2.6	1.8	2.3
	150~ 200μm	2.1	2.5	2.3	2.1	2.7	—	1.8	2.7	2.1	2.3	2.3	2.4
	>200μm	6	5.6	5.4	5.7	4	—	5.1	4.5	4.8	5.1	4.1	4.5

续表 4-6

批号 部位 指标		第五批						第六批					
		0~500mm	500~1000mm	1000~1500mm	1500~2000mm	2000~2500mm	2500~3000mm	0~500mm	500~1000mm	1000~1500mm	1500~2000mm	2000~2500mm	2500~3000mm
显微结构/%	各向同性	10.9	10.5	10.5	10.6	11.9	—	13.5	11.4	10.3	8.3	9.1	9.4
	细粒镶嵌	9.7	9.1	5.5	5.9	5.8	—	4.8	4.3	4.1	5.5	5.8	5.6
	粗粒镶嵌	38.5	37.7	43.6	43.4	34.1	—	41.9	41.3	40.5	39.0	37.8	41.1
	流动型	6.9	8.6	12.5	6.9	8.5	—	5.5	13.1	9.9	11.8	9.1	8.9
	叶片	0.8	1.2	0.7	1.2	0.5	—	1.2	0.9	1.0	1.1	1.0	1.5
	类丝+破片	31.6	28.8	22.4	28.4	34.8	—	31.4	26.8	31.8	32.6	36.2	32.5
	基础各向异性	1.6	4.1	4.8	3.6	4.4	—	1.7	2.2	2.4	1.7	1.0	1.0
灰分中碱含量/%	Na_2O	0.03	0.006	0.007	0.019	0.033	—	0.02	0.022	0.029	—	0.017	0.028
	K_2O	0.041	0.01	0.009	0.013	0.033	—	0.059	0.054	0.084	—	0.063	0.08
强度/%	显微强度	62.1	62.3	66.3	63.8	64.7	—	57.7	57.4	59.1	60.2	57.5	54
	I转数	82.0						83.1					
	结构强度	86.6						86.7					

4.4.1　风口焦块度变化

焦炭块度变化如图4-2所示。由图4-2、表4-6得知：

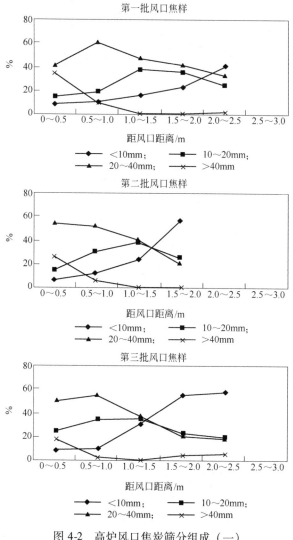

图 4-2　高炉风口焦炭筛分组成（一）

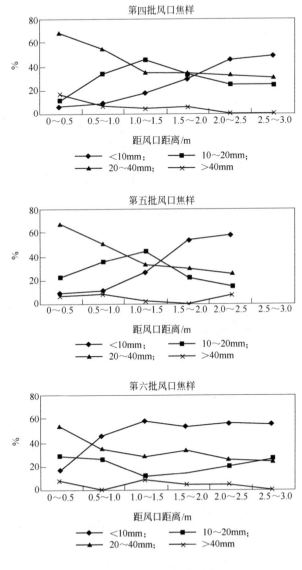

图 4-2　高炉风口焦炭筛分组成（二）

（1）小于 10mm 的焦粉自炉壁向炉中心方面逐渐增加；

（2）大于 40mm 和 20～40mm 两个筛级的焦块从总体来观察，自炉壁向炉中心部位的焦块趋向减少；

（3）10～20mm 筛级基本上在中间段（即距炉壁 500～1500mm 处）含量高。

上述沿风口断面焦炭块度分布情况与国外有些报道的资料并不一致，这可能与具体高炉条件，炉料和操作不同而引起炉况不同有关，诸如高炉气流分布，高炉断面各部位下料速度，碱的侵蚀程度，碳溶反应程度等因素有关。但由此可推测，高炉内气流分布并未因喷煤粉而向高炉四壁发展。

4.4.2 显微强度

各段焦炭显微强度变化见表 4-6 和图 4-3。由此得知，各段焦炭的显微强度无明显的变化规律，各段之间差异也不悬殊。由此可推知风口断面的焦炭，其所经历的温度差异尚不足以导致焦质强度呈有规律的变化。同时，也说明风口断面的温度差异可能不大；此部位不同取样时期温度差别可能也不大。

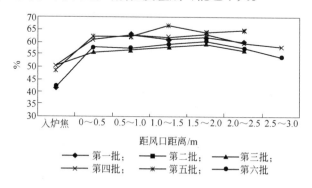

图 4-3 入炉焦和风口焦显微强度变化

4.4.3 气孔系列参数

对用涂蜡法测得的各批各段气孔系列参数讨论如下：

（1）各段的真密度在距炉壁为 500～1500mm 处变化略大，如图 4-4 所示；

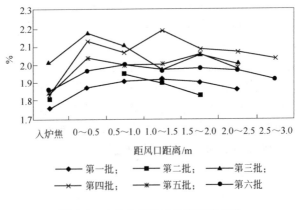

图 4-4　入炉焦和风口焦真密度对比

（2）按图 4-5 所示，各段的开气孔率、闭气孔率、微裂纹率变化均不大，各段之间且无明显规律；

（3）就各段焦炭气孔率变化（见图 4-5）的总体而言，靠炉壁的气孔率略高，向中心伸展似有下降趋势。

用镜下法测定各批各段焦炭气孔结构的结果讨论如下：

（1）各段气孔率变化不大，总的趋向是向中心伸展略示增加，如图 4-6 所示；

（2）每批各段焦炭气孔平均孔径和平均壁厚变化均不大，且无规律，如图 4-6 所示；

（3）每批各段焦孔径小于 10μm 和大于 10μm 各级气孔变化均较小，且无规律，如图 4-6 所示。

4.4.4　焦炭显微结构组成

每批各段焦炭的显微结构变化不大，且不显示有变化趋向，见表 4-6。

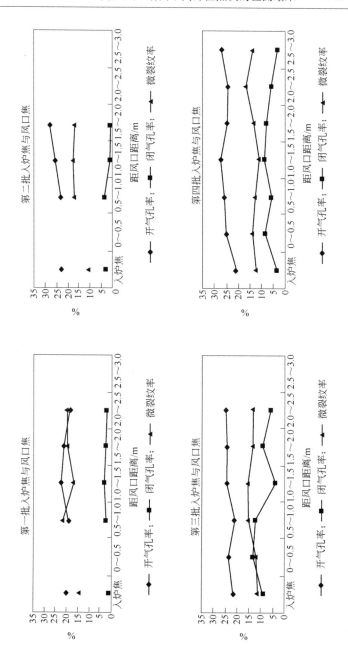

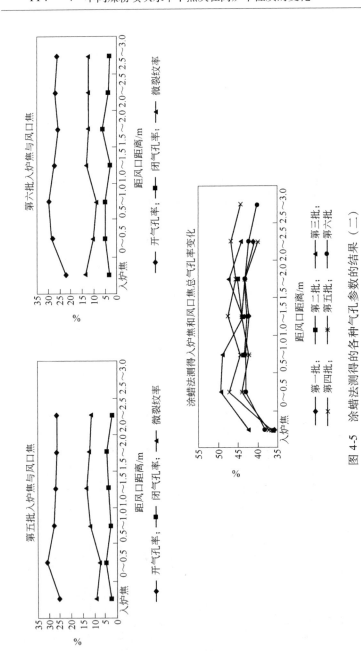

图 4-5 涂蜡法测得的各种气孔参数的结果 （二）

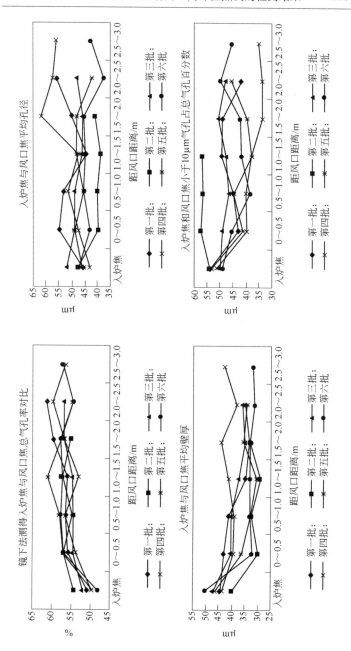

图 4-6 入炉焦和风口焦各种气孔参数对比

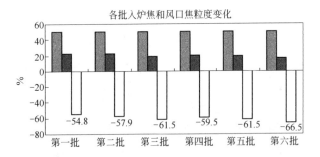

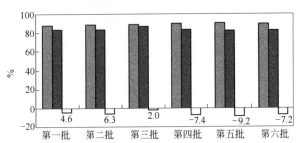

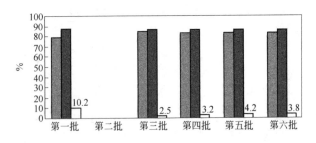

图 4-7 各批入炉焦和风口焦各种参数变化（一）

▨—入炉焦；■—风口焦；□—相对变化量

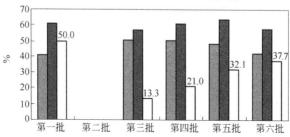

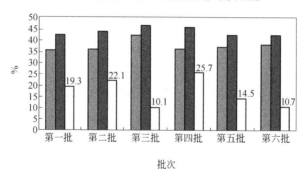

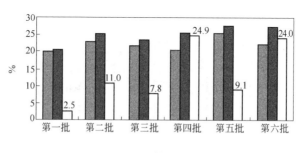

图 4-7　各批入炉焦和风口焦各种参数变化（二）

▨—入炉焦；　■—风口焦；　□—相对变化量

各批入炉焦和风口焦涂蜡法闭气孔率变化

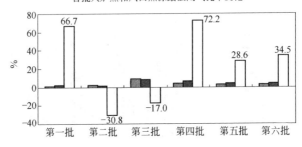

批次

各批入炉焦和风口焦涂蜡法微裂纹率变化

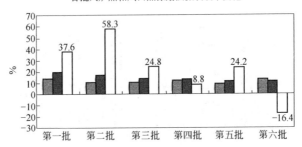

批次

各批入炉焦和风口焦镜下法总气孔率变化

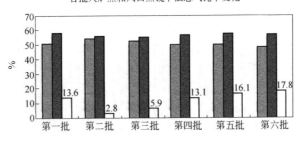

批次

图 4-7　各批入炉焦和风口焦各种参数变化（三）

▨—入炉焦；■—风口焦；□—相对变化量

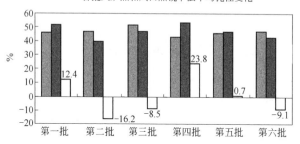

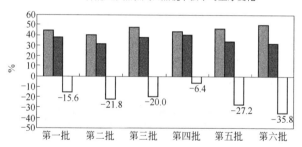

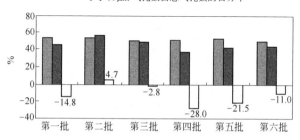

图 4-7 各批入炉焦和风口焦各种参数变化（四）
■—入炉焦；■—风口焦；□—相对变化量

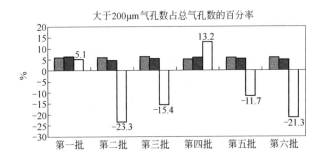

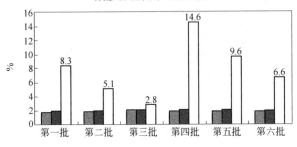

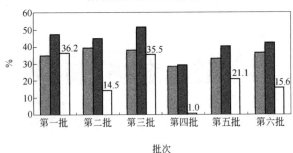

图 4-7   各批入炉焦和风口焦各种参数变化（五）

■一入炉焦；■一风口焦；□一相对变化量

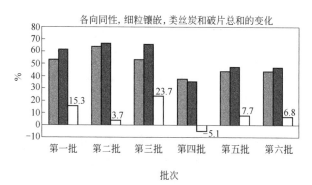

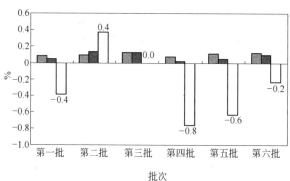

图 4-7　各批入炉焦和风口焦各种参数变化（六）

▨—入炉焦；■—风口焦；□—相对变化量

4.4.5　灰分中碱含量

每批各段焦炭灰分中的碱含量变化无明显规律。

总的来说，沿风口断面各段风口焦除块度有明显的规律变化以外，其他各指标在各段之间变化不大，且无规律，说明风口断面焦炭结构内部质量的变化不大。

4.5　不同喷吹水平下风口焦各种指标的检测结果和分析

不同喷吹水平下风口焦各种指标的变化是以不同喷吹水平的

入炉焦各指标为基准与对应各批风口焦各指标的平均值作比较，所得出的增减值或增减百分率作为变化幅度的依据。从图4-6所示和表4-6所列各批风口焦指标与入炉焦均有明显增减，但增减的幅度与从低到高的喷吹煤粉的水平不呈有规律的变化。对此估计可能有下列原因：

（1）标志各批入炉焦性能的各宏观的、常规的指标虽较稳定，但标志焦质的和微观的质量指标，在各批入炉焦之间差别却很明显，见表4-6。在高炉中复杂的化学反应和由此引起的物理性能的变化，恰与焦炭的焦质、显微结构组成，CO_2可以导致直接还原的开气孔，微裂纹，以及碱金属侵蚀的程度等因素有关。如果这些因素对各批入炉焦本来就不同，则风口焦的指标显然也不可能相同。因此，在此情况下，即使喷吹水平的影响应有规律性的显示，也必然受到相当的干扰。此还可在下节的实验结果中得到佐证。

（2）高炉操作条件波动会直接影响炉况。不同的炉况对焦炭行径必然会有影响，例如高炉内气流分布，直接还原和间接还原的比例，炉料含碱量的变化，焦炭在炉中停留时间等等都会影响高炉内焦炭劣化程度和风口焦的各种指标。但对（1）中所述的原因，这应是次要的原因。

（3）喷吹水平不同对风口焦的各项指标变化不显示有趋向，是否也可以理解为这段时间企业所生产的焦炭质量，对于喷吹水平为118.2kg/t而言，尚未达到，或尚未接近喷吹水平的极限。因此，风口焦的各项指标没有出现特变点，也由此可以认为试验中六批焦炭适应118.2kg/t的喷吹量尚有余度，如果六批焦炭的煤价不同，可取其最廉价的配煤方案，可以此获得经济效益。

4.6　相同喷吹水平下，入炉焦和对应风口焦的检测结果和讨论

相同喷吹水平（每1t铁85kg），不同配煤比所得入炉焦，检测其风口焦的各项指标经比较和分析，发现两个风口焦的指标

有明显差别。这进一步说明配煤质量差异会掩盖喷吹水平不同对风口焦指标的差别。同时，每 1t 铁 75～118kg 不同喷吹水平，风口焦所有指标均尚未显示有突变预兆。这说明，此时所生产的焦炭质量对提高喷吹水平仍有潜力。从表 4-7 可知，第二、六两批风口焦的喷吹水平均为 85kg/t 左右，但两批风口焦的很多指标差别相当大。例如，各向同性的增减百分率，前者为 2.3，后者为 -0.1；前者总碱含量为 0.130，后者为 0.090，其量相差0.04；真密度和其增值，后者均比前者高，这与后者各向异性结构的光学结构单元相对高些，经高温后石墨化程度比前者高些有关；从两个气孔系列所测的参数来看，两批风口焦的数据与其各对应入炉焦相比的增减差别很大。这与入炉焦的不同显微结构组成，风口焦中不同碱含量直接有关；风口焦中除了煤中原有各向异性成分转入到焦炭中成为基础各向异性，经高炉后表示增加外，其他所有属于各向异性的光学结构经高炉后均减少。以上这些风口焦指标的差异均与入炉焦的焦质和微观指标差别有关，而入炉焦的这些差别，主要是与炼制成这两批焦炭的煤料的组成有较大差别有关，尽管它们的工业分析和黏结性指标基本上十分相近（见表4-8）。但这两批配煤中第二批煤样中高挥发分煤占41%，第六批只占 35%。这种高挥发分煤炼得的焦炭，其显微结构以各向同性和细粒镶嵌为主，在表中，得知第二批焦样各向同性为 19.2%，第六批为 10.4%；因此，这两批入炉焦的焦质差别是明显的。

　　由上所述，可以得出：当喷吹水平相同时，即使入炉焦的宏观指标和炼制入炉焦的配煤的煤质指标相近，而入炉焦的微观指标不同，配煤的煤种和配比不同，入炉焦在高炉中经历的碳溶反应程度不会相同，由此导致的劣化程度也不会相同，风口焦的各项指标也不可能相同。从这两组对比试验结果，再联系上述从75.4kg/t 到 118.2kg/t 六组不同喷吹水平所得风口焦各项指标的规律性为煤料组成不同这一因素所掩盖，由此可以再进一步得到证实。

表 4-7　相同喷吹水平下，不同入炉焦和对应风口焦各种指标的检测结果

项目		入炉焦 二	入炉焦 六	风口焦 二 均值	风口焦 二 增值	风口焦 六 均值	风口焦 六 增值
每 1t 铁喷吹水平/kg 煤		85.3	85.2	85.3		85.2	
强度/%	DI	86.2	86.0				
	M40	87.6	86.5				
	M10	6.6	7.3				
	反应性	23.8	22.4				
	反应后强度	66.1	69.1				
	I 转数	89.1	89.5	83.5	-5.6	83.1	-6.4
	结构强度		83.5			86.7	3.2
	显微强度		41.9			57.7	15.8
涂蜡法检测气孔参数	总气孔率/%	36.24	38.44	44.32	7.99	42.47	4.03
	开气孔率/%	22.8	22.13	25.3	2.5	27.42	5.27
	闭气孔率/%	2.62	2.93	1.81	-0.81	3.85	0.92
	微裂纹率/%	10.82	11.38	17.12	6.3	11.22	-2.17
	真密度/g·cm^{-3}	1.796	1.848	1.886	0.09	1.971	0.123

续表4-7

项目	批号	入炉焦 二	入炉焦 六	风口焦 二 均值	风口焦 二 增值	风口焦 六 均值	风口焦 六 增值
镜下法测气孔结构参数	气孔率/%	54.5	48.2	56	1.56	56.80	8.6
	平均孔径/μm	47.5	47.1	39.82	-7.73	42.8	-4.3
	平均壁厚/μm	39.9	50.3	31.16	-8.77	32.30	-18.0
	<10μm/%	53.68	49.1	56.17	2.49	43.70	-5.4
	<200μm/%	5.98	6.1	4.57	-1.41	4.8	-1.3
显微结构 /%	各向同性	19.2	10.4	21.5	2.3	10.3	-0.1
	细粒镶嵌	25	7.7	21.7	-3.3	5.0	-2.7
	粗粒镶嵌	29.9	40.1	25.5	-4.4	40.3	0.2
	流动型	4	12.2	3.7	-0.3	9.7	-2.5
	叶片	1.3	2.3	1.9	0.6	1.1	-1.2
	类丝+破片	20	26.1	23.4	3.4	31.9	5.8
	基础各向异性	0.6	1.2	2.3	1.7	1.7	0.5
灰分中碱含量 /%	Na_2O	0.045	0.068	0.048	0.003	0.068	0
	K_2O	0.05	0.050	0.082	0.032	0.023	-0.027
	总碱量	0.095	0.118	0.130	0.035	0.091	-0.027

表4-8 第二、六批焦炭的配煤情况

批号及项目 煤样编号	二 $V_d/\%$	$\bar{R}_{max}/\%$	配比/%	六 $V_d/\%$	$\bar{R}_{max}/\%$	配比/%
1	20.99	1.306	12	19.39	1.367	12
2	33.37	0.692	15			
3	33.18	0.700	16			
4	34.46	0.659	10	33.55	0.695	23
5	17.00	1.519	9	34.60	0.596	12
6	23.24	1.271	10			
7	23.52	1.224	20	21.91	1.265	7
8						
9	30.45	1.019	3	31.07	1.047	5
10				14.46	1.674	8
11				23.89	1.128	18
12	20.72	1.247	5	19.83	1.278	8
13				28.86	0.899	7
配合煤料性质 $A_d/\%$	9.29			9.68		
$V_d/\%$	26.37			26.52		
$G/\%$	73			74		
y/mm	15.0			15.0		
基氏流动度 lgDDPM	2.49			2.10		
$a+b/\%$	24			16		
$\Sigma I/\%$	31.8			29.0		
$\bar{R}_{max}/\%$	1.04			1.04		

4.7　结论

本章要点如下：

（1）各批风口焦和相应入炉焦各种质量指标比较，几乎所有检测指标均有明显变化，且变化的趋势是一致的，变化的幅度并不显示有规律，这是由于高炉生产中影响因素较多，干扰了变化幅度的规律性。

（2）对各批风口焦大于10mm和小于10mm焦粒均作了焦炭显微结构组成的测定，得出各向同性、类丝炭和破片均高于对应的入炉焦中的这类结构。尤以小于10mm焦粒为甚。由此推断各向同性、类丝炭和破片的高温抗碱侵蚀的能力比各种各向异性结构强。由于这类结构主要来自低变质程度的、高挥发分的气煤类煤中的镜质组。此类煤占炼焦储量的60%左右。这一试验结果，修正了传统配煤技术的某些概念，为今后研究多用气煤类煤提供了理论依据；此外，由于现行高炉用焦炭质量指标缺少模拟性，尤其是今后高炉普遍实现喷吹煤粉以后，焦比大幅度降低，更需要提出焦炭质量新指标。认为ΣISO有条件可以作为标志高温抗碱侵蚀能力的一个指标。本章用系统的、大量的生产试验数据来验证了这一结论，不但在学术上有意义，而且具有重要潜在的经济效益和社会效益。

（3）从风口向炉中心伸展3m左右深度的各批风口焦，将焦样分成六段来研究，得出：自风口向炉中心方向伸展，10mm以下的焦末有逐渐增加趋势，即近炉壁的风口焦块度大于近炉中心的焦炭块度。这说明，试验中的高炉喷吹煤粉后，高炉内气流并未向炉壁发展。沿风口断面的风口焦，除块度外，各批各段风口焦内部的其他各项指标均无明显变化。这说明焦炭下行至高炉风口断面时，焦块内部的质量无显著变化，焦炭的化学反应主要在焦块表面或表层，而且沿高炉风口横断面各点的反应条件差别也不大。

（4）从75~118kg/t之间的不同煤粉喷吹水平下，所取得六批风口焦样，作各项检测项目，并与各相应入炉焦所测得的各项检测结果相比较，得出：作为研究对象的高炉喷吹水平达118kg/t时，尚未达到喷吹量的极限，或尚未达到接近此极限。

附　录：

　　本章试验中涉及的所用设备和测试方法较多，且多为非常规检测项目。兹列述如下：

　　(1) 风口焦取样机：为了能力求取到能代表高炉风口位置断面的焦样，特制一内径为100mm，向炉中心方向伸展3m，中以500mm间距为一段，共分六段的取样管。高炉休风后，取样管从风口推入，到位后，抽出芯棒，随后迅速将取样管拉到炉外，整个取样过程以水冷却管身。

　　(2) 筛分试验：用手工去掉附着在焦块表面的铁渣，然后各段做筛分试验。筛级分为小于10mm，10~20mm，20~40mm和大于40mm。同时对相应的入炉焦也做筛分试验。

　　(3) 试样制备：风口焦样均取大于10mm的焦粒，各段按各检测项目对试验的要求制样，对试样量较大的项目，各段焦样不足以分别测定时，将各段样按重量比例混合后制成平均样。对在镜下检测的项目，按要求制成块光片或粉光片。煤和入炉焦按各项目规定要求制样。对小于10mm的风口焦只制成粉光片做镜下检测。

　　(4) Ⅰ转鼓强度：将制成粒径为20~25mm的200g试样放置在长700mm，直径130mm的转鼓内，以20r/min转速转600r，最后计算大于10mm焦粒占总试样的质量百分数。

　　(5) 结构强度：参照原苏联ΓОСТ9521—74方法进行。将3~6mm焦样放入一直径30mm，高71mm容器，装满后称量。然后，将此试样装入直径为25mm，长310mm管中，同时装入5颗直径为15mm的钢球，以25r/min转1000r。最后计算转后大于1mm焦末质量占试样总量的百分数。

　　(6) 显微强度：所用设备同上。将2g粒度为0.6~1.25mm

的焦样和 12 颗直径为 8mm 的钢珠装入管中，以 25r/min 转速转 1500r。计算转后 0.2mm 焦末占总试样量的百分数。

（7）涂蜡法测定气孔参数：取焦粉（<0.15mm）和焦粒（1~2mm）各 3g 放入比重瓶中，分别以乙醇和吐温 -80 的水溶液为浸润剂倒入比重瓶中使润湿并沉降，随之，在真空度为 0.098MPa 下抽真空半小时，以排出焦样中的气体。根据阿基米德原理测出与焦样同体积的乙醇和水重量，并计算出真密度 d_1 和视密度 d_2；涂蜡法是将粒度为 1~2mm 的焦粒 3g 放到 82℃的液体蜡中，待全部浸蜡后，即倒入一模具，将成型物称重，再将成型物在水中称重，即可得出成型物体积，减去蜡的体积，即为焦粒体积，从而可算出焦粒视密度。同样以粒度为 10~15mm 焦粒 9g 为试样，用涂蜡法计算出视密度 d_4。为避免焦样中灰分对测定结果有影响，对焦炭密度进行了校正。由测得的 d_1、d_2、d_3、d_4 通过计算即可得下列气孔参数。

$$焦炭总气孔率\ P_{总} = 1 - d_4/d_1$$
$$焦炭开气孔率\ P_{开} = 1 - d_3/d_2$$
$$焦炭闭气孔率\ P_{闭} = (1/d_2 - 1/d_1)d_3$$
$$焦炭微裂纹率\ P_{微裂纹} = P_{总} - P_{开} - P_{闭}$$

（8）镜下法测定气孔参数：取具有代表性的各粒级焦块去掉菜花头，沿垂直焦炉墙方向切片作为测定面。每批取入炉焦 6 块，风口焦 8 块。制成块光片，在 ORTHOLOX-Ⅱ POL-BK 光学显微镜下，用干物镜，正交偏光，石膏补偿器条件下，放大 500 倍观察并测定。目镜中带有每格为 4μm 共 200μm 的测微尺。每块焦样沿垂直焦炉炉墙方向按一定距离测两行，一般风口焦可测得孔径和孔壁厚各 2000 个以上。入炉焦可测得孔径和孔壁各 3000 个以上。所得数据用微型计算机处理，计算出焦炭气孔率、平均孔径、平均壁厚，以及不同孔径占总气孔数的百分数。

（9）焦炭显微结构：将 0.1~1.0mm 焦炭制成粉光片，经磨片抛光，用偏光显微镜在油浸物镜、正交偏光、石膏补偿器及放大 500 倍的条件下，用数点法测定焦炭显微结构。每个样品测定

400 点以上。焦炭显微结构组成划分为：各向同性、细粒镶嵌、粗粒镶嵌、流动状、叶片状、基础各向异性和类丝炭＋破片七类。

（10）其他检测项目均按国家标准进行。

参 考 文 献

1 周师庸，吴信慈等. 焦炭在富氧喷吹煤粉高炉内行径的研究. 燃料与化工，1998，29（5）：246～255

2 周师庸，梁尚国等. 改善武钢高炉大喷煤量下焦炭热性质研究

3 周师庸，史伟等. 酒钢焦炭抗高温碱侵蚀能力的研究（内部资料）. 2003，12

4 Michael G. K. Grant. The Role of Coke CSR on Coke Behavior in the Blast Furnace. Iron-making Proceeding, 1992, 391

5 周师庸，吴信慈等. 大高炉冶金焦炭热性能研究（内部资料）. 2001，10

5 高炉风口回旋区残炭和从高炉顶逸出的残炭

　　由于本书所述的高炉焦炭质量是在高炉风口喷吹煤粉前提下进行讨论的，因此，必须叙述有关煤粉在风口燃烧和燃后残炭的有关情况。

　　高炉风口喷吹燃料技术是现代高炉炼铁生产正在逐渐推广采用的新技术，也是现代高炉炉况调节所不可缺少的重要手段之一。喷吹的燃料可以是重油、煤粉、粒煤或天然气，其中喷吹煤粉日益受到各国或地区的高度重视，特别在 20 世纪 70 年代发生石油危机之后，高成本的喷油技术使冶金行业面临前所未有的困难。人们重新致力于开发以喷廉价煤代替喷油技术。采用喷煤技术可以减少高成本的焦炭用量，进而节省宝贵的炼焦煤资源。同时，充分利用低成本的非炼焦煤，可以提高企业的经济效益和社会效益。

　　本章列述近年来在 $4000m^3$ 以上大型高炉喷吹煤粉水平每 1t铁为 $161 \sim 214kg$ 条件下，在风口断面按第四章所述相同方法在不同时期取了四批风口焦样，从而选出其中残炭。对高炉风口断面的残炭和从炉顶逸出粉尘性状进行研究得出了结果。这些研究结果从另一侧面一定程度上进一步揭示了喷煤量增大后，所喷吹煤粉在燃烧过程中的燃烧情况和燃烧机理，以及未燃煤粉的积聚分布状况，从而为在保证高炉操作顺行的前提下预测是否可以进一步提高喷煤水平提供了依据。进而探索喷煤水平与高炉焦炭是否有联系。

5.1 喷吹煤粉的性质

5.1.1 喷吹煤的煤种

低变质程度不黏结性烟煤和无烟煤是主要高炉喷吹的煤料。低变质程度烟煤挥发分含量高，一般容易点燃，形成的火焰长，发热量高。无烟煤是煤化程度最高的煤，密度大，含碳量高，挥发分极少，结构致密，可燃性差，不易着火。但由于其发热量高（能高达 29260kJ/kg）[1]，且使用过程中不易产生自燃和爆炸，因此，在高炉喷吹中得到了广泛应用。

研究所用喷吹煤的煤种及其工业分析和筛分组成结果列于表 5-1。从表 5-1 可见，按现行中国煤分类，煤 A 应属烟煤变质程度最低的长焰煤，一般均作动力用煤；煤 B 和煤 C 属高变质程度无烟煤中变质程度最低的三号无烟煤；煤 D 属变质程度较高的贫煤。后 3 种煤在煤分类中归属牌号虽不同，作为高炉喷吹用煤，性能大致相近，为叙述方便，均通称无烟煤。应用时有差异之处，将于后文补述。

表 5-1　喷吹煤的工业分析和筛分组成

煤　种	工业分析/%		
	M_{ad}	A_d	V_{daf}
A	4.63	7.62	35.61
B	0.81	10.68	8.46
C	0.89	9.22	9.03
D	0.88	10.79	11.32

混合煤的筛分组成/%				
>295μm （>50 目）	295~147μm （50~100 目）	147~74μm （100~200 目）	74~43μm （200~325 目）	<43μm （<325 目）
3~4	25	50~51	20~25	1

5.1.2 喷吹煤的煤岩组成及按其燃烧性状的分类

所喷吹烟煤和无烟煤的煤岩组成定量结果见表 5-2。由表

5-2可知，煤的有机物质不是均一的物质。这些煤岩组分处于低
变质程度时，各种显微组分性质差别很大。随着变质程度的提
高，各种煤岩组分的性质逐渐趋向一致。因此，煤 A 中镜质组
的性质，包括燃烧性状，与半镜质组和丝质组的性质差别悬殊；
而无烟煤中各种煤岩组分性质，包括燃烧性状几乎是相同的。烟
煤和无烟煤中的丝质组的性质基本上是相同的，半镜质组性质也
近似丝质组，也即煤 A 中的丝质组和半镜质组可视作等同于无
烟煤（见图片 26~29）。壳质组由于煤 A 中含量极低，其作用几
乎可忽略不计，因此，不于此提出来讨论。由此可知，如果喷煤
中以烟煤和无烟煤按1:1，实际上按燃烧性状不同来分类只有两
种类型，其比例如表 5-2 所示为 28.7:71.3。

表 5-2　煤岩显微组分组成

煤样品种	镜质组	半镜质组	丝质组	壳质组	$\overline{R}_{max}$
A	56.4	17.7	24.8	1.1	0.55
B	92.3	3.5	4.2	0	2.61
C	92.3	3.1	4.6	0	2.22
D	91.3	3.8	4.9	0	2.07
烟煤和无烟煤以 1:1 混合时，以燃烧性质不同划分喷煤类型的比例					
煤 A 镜质组				28.7	
无烟煤所有组分 + 烟煤丝质组和半镜质组				71.3	

5.1.3　镜质组反射率分布

镜质组平均最大反射率 $\overline{R}_{max}$ 是目前标志变质程度最佳的一个
指标。同一煤中的镜质组也是不均一的物质。任何单一煤中镜质
组的反射率的数值群均呈正态分布，如图 5-1 所示。低变质程度
烟煤 A 的反射率分布在较狭、较低的区间。无烟煤的反射率分
布在较高、较宽的区间。特别应该提出的是：前者反射率不同，
性质不同，而后者反射率不同，性质相同。这里所谓的性质包括
燃烧性状。对此，在以下章节还将论及。此外，对贫煤 D 还应
注意的是：它的镜质组反射率分布在较低的区间，其约1/3部分

与瘦煤 E 重叠，如图 5-2 所示。实际上煤 D 中约 1/3 部分镜质组，在喷入风口后的行径与瘦煤镜质组相似。

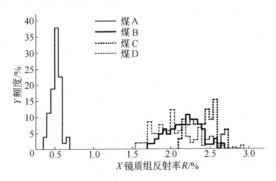

图 5-1　喷吹煤的镜质组反射率分布图

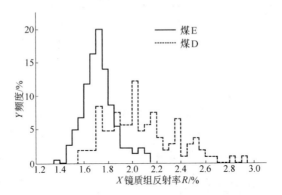

图 5-2　贫煤 D 和瘦煤 E 的反射率分布图

5.2　煤粉燃烧

5.2.1　煤粉燃烧机理

5.2.1.1　煤粉燃烧的一般规律

根据燃烧的特点，固体燃烧可以分为 3 种类型：蒸发燃烧、分解燃烧和表面燃烧。蒸发燃烧：是指分子结构简单，熔点低于火焰温度的燃烧；分解燃烧：是指分解温度低于沸点，热分解先于燃料的蒸发，分解的气体一般为 H_2、CO、碳氢化合物、乙醇等；表面燃烧：是指熔点高，在通常的燃烧温度下，不会发生融化、升华，而且也不会发生分解燃烧。

煤粉的燃烧与其他固体燃料的燃烧有所不同，它的燃烧可以分为两大部分：挥发分的挥发和残炭的燃烧。前者与分解燃烧相似，后者则属于表面燃烧。在一定的氧浓度下和当环境温度达到煤粉着火温度以上时，煤粉挥发分迅速挥发并开始燃烧。挥发分燃烧的同时，对残炭进行加热点燃，残炭进行表面燃烧。氧分子向固体表面或气孔内部扩散，与碳发生反应，所生成的 CO 或 CO_2 气体又从表面向外扩散。

固定炭的燃烧包括五个环节：气体氧化剂向固体表面扩散、气体分子向固体内部扩散、气体分子与固定炭反应、产物分子扩散到固定炭颗粒表面和产物分子脱离固定炭表面。其中，气体氧化剂向固体表面的供给和它在固体表面发生的表面燃烧反应是两个控制环节。上述两个控制环节在某温度点将其过程划分为两个不同的区间：化学控制区间和扩散控制区间。有资料报道[2]：煤粉在 1100 ~ 1300℃ 以下，受化学反应控制；在 1100 ~ 1300℃ 以上，受扩散控制。我国高炉的风温一般在 900 ~ 1100℃ 之间，而风口回旋区温度往往在 2000℃ 左右，因此，喷吹煤粉的燃烧形式可能二者兼而有之。

5.2.1.2 单一煤颗粒的燃烧机理

煤粉燃烧过程中形貌的变化历经热膨胀、收缩和燃烧 3 个过程。煤粉受热后开始膨胀，同时，随着膨胀的进行，有大量的气体逸出。经最大膨胀后煤粉开始收缩。加热至 4 ~ 5ms 时，火焰出现，即开始燃烧。燃烧将一直持续到火焰完全消失熄灭为止，最后留下一定量的残骸。

日本学者研究了加热温度、氧气浓度、膨胀度及煤粉组成与着火时间、燃烧时间之间的关系发现：提高温度能缩短着火时间，而对燃烧时间基本上没有影响；与此相反，改变氧气浓度或煤粉组成将大大影响煤粉的燃烧时间，而着火时间基本不变。燃烧时间随固定炭含量的增加而增加，随氧浓度的增加而减小；另外，燃烧时间还随煤粉膨胀度的增加而缩短[3]。

由于煤粉的着火时间非常短暂，只占整个燃烧过程约十分之一，而且，煤粉燃烧是受氧气供给控制的。综合分析得出：在保证一定的风温的情况下，与其再提高风温，倒不如改善氧的供给条件，即采用富氧鼓风。

5.2.1.3 混煤煤粉的燃烧机理

如前所述，烟煤因挥发分含量高而具有易点燃、火焰长、热值高等优点，因而在燃烧性方面具有其他煤种无法比拟的优势。然而，正是由于烟煤的高挥发分的特性大大增加了高炉喷吹煤粉的危险性——易爆炸性。而无烟煤密度大，含碳量高，挥发分极少，组织结构致密，发热量大，使用过程中不易产生自燃和爆炸，而且没有烟煤那种易产生冷凝物的缺点，但可燃性差，不易着火。如果将二者混合喷吹，就能充分利用它们的优点，克服其不足，从而大大改进单一煤种的理化性能，改善喷吹效果。即当无烟煤中加入部分高挥发分烟煤后，混合煤的挥发分提高，随之，着火温度有所提高。这样就使易爆的烟煤煤粉在快速燃烧过程中所释放的部分能量被无烟煤吸收，从而在一定程度上抑制或避免烟煤的爆炸。在着火过程中，烟煤挥发分的高速析出，以及快速反应所产生的热量，被有效地用于均匀加热无烟煤和残留的固定炭颗粒，其结果使混合煤粉的燃烧过程得到了改善。据资料报道：当无烟煤的配比小于45%时，增加无烟煤的配比对提高混煤的最低着火温度更有效[4]。

5.2.1.4 高炉条件下的煤粉燃烧机理

煤粉自喷枪喷出后进入直吹管，经与高速热风气流混合，被快速加热，水分蒸发，挥发分析出、分解、燃烧，其过程是极为复杂的。一般情况下煤粉在喷枪直吹管及风口内通过对流和辐射快速传热，完成被加热及挥发分的气化，并燃烧，并有部分固体炭开始燃烧[5]。尽管煤粉在该区域内只停留 5ms 左右的时间，但该区域仍是煤粉燃烧的有效而极为重要的区域，因为在该区域由于挥发分的析出大大改变煤粉的燃烧面积和残炭的孔隙结构，对后续的燃烧具有积极的作用。如果在该区域煤粉加热速度快，挥发分析出多，那么，形成的残炭的孔隙结构就发达，燃烧面积就大，从而有利于残炭在回旋区内的燃烧，大大促进燃烧率的提高[6]。有人曾计算了该区域内的燃烧率，其燃烧率高达 50% ~ 60%。由此可见，喷枪直吹管是一个非常重要的燃烧空间[7]。

煤粉从喷枪喷出，与高温气流混合并随其向前推进，燃烧率迅速提高，在风口回旋区 400 ~ 600mm 的深处，煤粉燃烧率达到最大值。与此同时，煤粉在断面方向上相对缓慢地扩散而呈现出扇面形状。由于挥发分的快速析出和提前燃烧，使得煤粉颗粒周围的氧浓度迅速降低。煤粉进入风口回旋区，在高温辐射和挥发分燃烧作用下被点燃，其周围的氧被迅速消耗，又由于气体在受限制的空间单方面流动，氧在断面方向上的扩散效果有限，因而，煤粉的燃烧受到抑制，沿风口水平方向向炉中心深处，煤粉的燃烧率增加幅度呈下降趋势。

5.2.1.5 煤粉的残炭类型及其燃烧方式

在高炉喷吹条件下，煤粉的燃烧过程分两阶段：一是快速加热、析出挥发分，同时形成残炭；二是残炭的燃烧。北京煤炭总院郑雨寿等对此进行了研究[21]。首先，从动力用煤中获取镜质组和惰质组的富集样，并用特定的加热装置对试样处理，获取相应的残炭。通过对残炭观察分析，提出了以下残炭类型分类：镜质组的残炭可分为 4 类：(1) 未变化煤粒；(2) 薄壁煤胞 (处于强塑性化阶段)；(3) 厚壁煤胞 (黏结性煤)；(4) 网状炭 (规则网状、不规则网状炭)。惰质组的残炭类型分为 3 类：

（1）结构炭。它含有的空腔是细胞腔（封闭腔），不同于镜质组形成的空腔（开口腔），因而燃烧类型各异；（2）未熔炭。无气孔，内部致密，表面不规则。并指出，随变质程度增加，镜质组的热解性质与惰质组逐渐趋于一致。高变质程度的烟煤和无烟煤所形成的残炭以未熔炭为主，而与显微组分无关；（3）碎屑炭。与此同时还提出两种残炭燃烧方式：等直径燃烧方式（所谓等直径燃烧：是指当挥发分析出后，残炭颗粒为一个多孔球体，化学反应主要发生在孔中。随着反应的进行，残炭的直径可以认为相对保持不变，但密度不断减少，直到颗粒完全破碎或燃烧尽为止）和等密度燃烧方式（所谓等密度燃烧：是指反应主要在颗粒表面进行，燃烧过程中密度保持不变，而直径不断减少），并根据残炭的形态结构指出了各种残炭的燃烧方式。由镜质组形成的薄壁煤胞、厚壁煤胞和网状炭以等直径方式燃烧过程中进行；而未熔炭有的以等密度方式燃烧，有的以混合型方式燃烧（所谓混合型燃烧指在燃烧过程中，密度和直径都发生逐渐减少的燃烧）。结构炭在着火初期服从于等密度方式进行，燃烧只限于颗粒的外表面。之后，结构炭的胞壁破裂而过渡到混合型方式。碎屑炭因其颗粒较小而只能以等密度方式燃烧。由于煤岩显微组分中，壳质组含量很少，且热稳定性差，在高炉条件下很快分解消失，因而其残炭类型未予考虑。

5.2.2　影响煤粉燃烧的因素

5.2.2.1　外部因素

　　A　氧气浓度

由上文对单颗粒煤粉研究结果得知，富氧对煤粉热分解影响较小，而且，随氧气浓度的增加，着火时间没有变，但燃烧时间大幅度缩短，而燃烧时间在整个燃烧过程中占很大比例，因而提高氧浓度将大大促进煤粉燃烧。在高炉喷吹条件下，燃烧区内氧浓度越高，则煤粉燃烧越快，越完全，燃烧率也越高。但综合考虑高炉生产，并不是富氧率越高越好，它有一个适宜的范围。氧气浓度不宜大于35%，在25%附近时，高炉由于有足够的煤气量充分加热炉身炉料，可以提高高炉还原度。若进一步提高富氧率，虽能促进煤粉燃烧率的提高，增加喷煤量，但由于煤气量减少过多，炉身炉料得不到加热，还原率会降低[8]。

B 空气过剩系数

试验表明：煤粉的燃烧率随空气过剩系数的减小而降低。为保证各种可燃物完全燃烧，空气过剩系数应该大于1。有人曾总结煤粉燃烧率与空气过剩系数的关系，得出：当空气过剩系数为1.3~1.4时，煤粉的燃烧率最高，小于1.05，则燃烧率随着过剩系数的减小而急剧下降。

C 加热速度（鼓风温度）

煤中挥发分的释放与燃烧会间接影响残炭的燃烧。而加热速度直接关系到挥发分的析出和热解，以及残炭的点燃等因素。在一定范围内，随风温的升高，煤粉气化率递增。因此，在特定条件下，尽管温度达到煤的着火温度，由于煤粉表面被挥发分包围造成氧浓度降低，从而导致难以着火。这时的关键不再是温度，而是表面的气氛[9]。

D 喷枪的形式和位置

喷煤水平较低时，随富氧率提高，煤粉燃烧效率明显改善。但喷煤水平较高时，提高氧浓度及风温的同时，还应采用能使煤粉在空间均匀分布的喷吹方法，加强氧与煤粉的混合，有效地利用煤粉颗粒周围的氧，提高煤粉燃烧效率，使最终获取良好的燃烧效果。要达到这样效果与喷枪的形式有极大关系。

喷枪配置有3种：单枪、双枪（对称式）和偏心双枪。3种喷枪中，以在喷射空间内扩散性得到改善的偏心双枪所喷吹煤粉的燃烧最为迅速。目前大部分高炉均采用单枪喷煤。此种喷枪结构简单，利于操作，但它不利于煤粉和热风的充分混合，煤粉燃烧率一般较低，只有70%~80%。此外，还开发了一种旋流式喷枪。这种喷枪引进二次风，使煤粉以旋转状喷出，以便加强煤粉与空气的混合，提高煤粉燃烧率。据资料报道：使用旋流式喷枪期间，高炉增产 4.24%，焦比降低 8kg/t，风口燃烧温度提高30 ~ 50℃，未燃残炭明显减少，煤粉置换比增加[10]。

同时需要指出：喷枪位置对煤粉的燃烧具有很大的影响。喷枪位置后移，会增加煤粉颗粒在低氧区的燃烧时间，促使燃烧率增加。过分后移，煤粉将在直吹管或风口内结焦，并会阻塞热风通路。故根据各高炉的不同特点，寻找最佳喷枪位置，将有利于煤粉的燃烧。

5.2.2.2 内部因素

A 煤的变质程度

随着煤的变质程度增加，煤粉的反应性呈非线性下降趋势，对不同的煤样试验所得结果如图 5-3 和图 5-4 所示[11]。

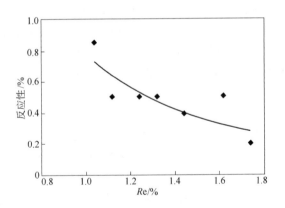

图 5-3 煤粉反应性随变质程度变化图 （一）

（Re 为随机反射率）

从大量测试煤粉反应性的实验及现场生产实际也可以得出一致的结论：从褐煤、烟煤到无烟煤，即随变质程度提高，煤密度增大，碳含量增加，挥发分含量减少，导致煤的反应性渐次降低。

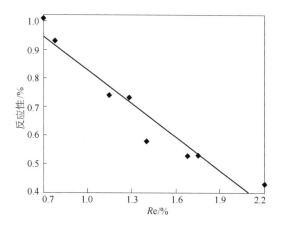

图 5-4　煤粉反应性随变质程度变化图（二）

（Re 为随机反射率）

B　煤岩显微组分

煤岩显微组分也是煤反应性的重要参数之一。当煤的变质程度不变，单是由于显微组分组成的变化而引起反应性的变化就占整个反应性的 45%[11,12]。

煤是一种极其复杂的混合物。它是由不同有机显微组分和少量无机矿物质组成。每种显微组分都有一系列不同的物理性质和化学性质影响着煤的整体反应性。壳质组在快速加热时气化消失，对残炭的组成影响不大。另外，在煤的所有显微组分中，壳质组所占比重一般极小，形成的残炭更少，一般可以忽略不计。在研究显微组分对燃烧性的影响时，只考虑反应性存在重大区别的镜质组和丝质组。

镜质组的反应性远远高于丝质组。由于镜质组受热时，发生膨胀、塑性变形、熔融甚至流动，因而形成的球形多孔煤胞多以等直径方式燃烧，燃烧率较高[13]。有人认为镜质组在燃烧过程中颗粒内外同时燃烧，故燃烧性能高于其他组分[14]。

惰质组包括丝质体、半丝质体和被氧化的镜质体。惰质组反应性低，其反应性类似高变质程度的无烟煤。在高风温作用下，反应性基本上保持不变，而且燃烧形式属于等密度燃烧。对于有细胞结构的丝质体则另当别论。有细胞结构的丝质体开始燃烧时仍为等密度燃烧，只是当燃烧达到一定程度时，胞腔破裂，燃烧过渡到内外同时燃烧。据报道：煤粉燃烧率与其所含的惰质组分含量成反比。如果煤中惰质组分含量超过50%，那么，其燃烧率将不受燃烧条件的限制，只有惰质组分含量降为40%之后，才能通过改变燃烧条件来提高煤粉的燃烧率。含惰质组分高的煤只有通过提高鼓风温度、空气过剩系数，并延长其停留时间才能获取较高的燃烧率[15]。还有人认为，惰质组分比起活性组分几乎不燃烧或极不容易燃烧，惰质组分的存在大大降低了煤的燃烧率，不仅仅其本身活性低，而且大量的惰质组分还会阻碍活性组分的燃烧。

C 挥发分

许多研究结果表明：随着挥发分含量的增加，煤粉的燃烧率呈上升趋势。

煤粉在高温气流中快速加热，挥发分迅速析出。挥发分的燃点较残炭低。由于大量挥发分的析出及提前燃烧，可缩短煤粉的着火时间，而且挥发分的提前燃烧对残炭具有预热作用，有利于后续过程的进行。另外，挥发分的大量析出，还会造成残炭孔隙率增加，大大提高了其反应性。挥发分产量越大，残炭的反应性越高，燃烧性越好。

选择喷吹煤种时，在保证安全生产的前提下，尽量选取一定比例挥发分含量较大的烟煤，以利于获取较高的燃烧率。

D 煤的粒径

如前所述，煤粉燃烧受两种方式控制：一是化学反应速率控制；二是扩散过程控制。一般在低温时受化学反应速率控制，高温时受扩散过程控制。同时，控制方式与粒径大小有关，粒径越小，由化学反应速率控制转变到扩散过程控制的温度越高；当粒径小于一定值后（1μm），反应性曲线与粒径无关。可见，小颗粒反应受化学反应速率控制，扩散的阻力很小，氧分子可以渗透到煤粒内部，燃烧反应发生在整个煤粒内部。在相同温度条件下，大颗粒趋于受扩散过程控制，小颗粒趋于受化学反应速率控制[16]。

煤粉处在扩散控制时，燃尽时间与初始粒径的平方成正比。此时，减小粒径对加快燃烧速率的效果明显；当其处于化学反应速率控制时，燃烧时间只与初始粒径成正比，减小粒径的效果不太明显。煤粉粒径越小，燃烧速率越大，只是燃烧率的增加幅度将逐渐减小[17]。

虽然煤的粒度越小，越有利于燃烧，但过细会导致磨煤的动力消耗及安全问题。综合考虑后，目前通常选择200目煤粉。

E 煤粉中灰分

煤经粉煤设备处理，外在灰分与煤分开而自成矿物粉粒，对煤的可燃质的燃烧没有直接的妨碍作用，但内在灰分由于熔点低而易于形成熔体，妨碍煤粉的燃烧。这是由于出现以下三方面情况：

（1）由此导致风口或喷枪前结渣；

（2）阻碍氧气进入未燃的煤粒内部，传质不畅，导致不完全燃烧；

（3）加速煤粉颗粒之间的聚集和沉淀。

在相同条件下，煤的灰分越高，煤粉的燃烧效率越低。据报道：灰分每降低1%，总燃烧率可提高2%~3%[18]。因此，从改善煤粉颗粒的燃烧效率而言，应采用低灰分煤粒。

5.2.3 未燃尽煤粉在高炉内的行径

所有煤粉在高炉风口回旋区的完全燃烧几乎是不可能的。尤其是在高喷煤水平下，未燃尽的残炭量会随着喷煤水平的增加而增加。未燃尽残炭的增加必然会影响高炉的透气性。因而高炉生产者和科研人员对此颇为关注。据报道：未燃尽残炭主要积聚在风口回旋区周围，在该区域进入到料柱空隙或间隙，或黏结在滴落的渣铁上而进入炉缸，或随上升气流进入软熔带并吸附在软化或熔融的矿石层上或在矿石和焦炭的空隙中沉积下来，只有少量残炭进入到块状带形成炉尘[19]。

　　未燃残炭的反应性大于焦粉的反应性，因此，未燃残炭对高炉透气性的影响要小些，它会在高炉内通过几种形式消耗掉：借助于与 CO_2 反应、水煤气反应及软熔带或滴落带内还原 FeO 的还原反应、渗碳等途径使未燃残炭消耗。借助 CO_2、H_2O 使碳气化的反应，被认为是未燃残炭消耗的主体反应。不论与 CO_2，还是与 H_2O，未燃残炭均比焦炭易于产生气化反应。未燃残炭气化反应使焦炭的反应负荷减轻，由此使反应后的焦炭强度降低幅度变小。就这一点而言，在风口回旋区保留一定量的未燃煤粉是有益的。未燃残炭随风口区气流上升，在其通过矿石软熔带时会被捕获，对尚未还原的 FeO 进行还原，由此也会使未燃尽残炭消耗掉[20]。

5.3　对风口样品中残炭检测结果的讨论

5.3.1　残炭的镜下形态

　　对残炭在镜下形态[23]的描述和分类，国内外有过一些报道[21,22]。其残炭试样均是从实验室特定设置的设备和条件下得到的。由于采用的设备和条件不同，所用煤种不同，对残炭的描述、分类和命名并不完全相同。对此，国际和国内也尚无统一命名和分类。因此，本书对残炭只作描述，不拟另作一套命名和分类。本章所述的残炭试样均取自大型生产高炉风口断面。衍生残炭的原料已如前述，是 50 目以下低变质程度的 A 煤和高变质程度的无烟煤。

　　煤粉在高炉回旋区内遭受的条件是温度高，甚至可超过 2000℃；气流速度高；在高喷煤量时，煤粉浓度高，煤粉之间，煤粉与焦末之间在旋转中碰撞机会多；煤粉在回旋区停留时间极短，约 20ms；富氧气流和浓度很高的煤粉之间的混合，如果不是双枪喷吹，混合可能是不均匀的。

各种煤岩显微组分在此体系中燃烧，大致有两个阶段，即先是脱挥发分，之后燃烧。前者过程极短，仅 2～5ms，后者过程较长，约 20ms。由于煤的变质程度和显微组分不同，因此形态各异，性状不同。所喷烟煤 A 的变质程度极低，按正常 3℃/min 的加热速度，这类煤的镜质组不会塑化形成胶质体，然而在瞬间进入如此高温的环境，这样的镜质组却必然会塑化。由于镜质组本身并非均匀的物质，已如前述，煤中镜质组的反射率呈正态分布，也由于镜质组所遭受的升温速度和在回旋区停留时间不同，镜质组塑化程度也不同，也可因此形成各种形态，诸如薄壁，厚壁，单孔或多孔，以及无孔等球体或圆浑体（见图片 30～41）。此外，几乎在镜质体塑化的同时，因受高温而析出挥发分。

无烟煤的所有显微组分和烟煤的丝质组（它们的挥发分均很低）不会因进入高温区而塑化变形，烟煤中的半镜质组进入高温环境只可能使颗粒的锐角变钝，但不可能塑化而成球体（见图片 42、43）。总之，无烟煤和烟煤的丝质组无塑化过程，未燃时其形态与常温时相似，即颗粒仍保持原来形态，颗粒内仍保持原来的纹理，或胞孔等（见图片 44、45）。应该特别提出来的是，粒径较大的无烟煤粒，有的在残炭形成过程中会炸裂或颗粒内形成很多裂纹（见图片 46、47）。从煤粒中析出的挥发分，在有氧的环境下会燃烧，而在无氧或缺氧条件下，常会进一步裂解形成炭黑（见图片 49）。至于挥发分析出后的残炭，部分会在有氧的条件下燃烧。此过程约 50～100ms。此所需时间远长于煤粒在回旋区的停留时间。由此可知，所喷煤粉不可能完全在风口燃烧带燃尽。

由于燃烧，使由煤衍生的各种形态残炭颗粒表面不同程度地出现凹凸不平（见图片 31、35、41、46）。如残炭颗粒中有与外界相通的气孔，则气孔表面也会因而出现凹凸不平，甚至胞孔穿透或碎裂（见图片 33、37）。

5.3.2　各种残炭燃烧方式的讨论

有人曾提出[21]：挥发分析出后形成的残炭燃烧有两种方式，第一种是残炭颗粒为单孔或多孔球体，化学反应主要发生在孔中，随着反应的进行，颗粒密度变小，但直径不变，称等直径燃烧（见图片33、41）；第二种为反应主要在颗粒表面进行，燃烧过程残炭颗粒的密度不变，而直径减小，称等密度燃烧。从镜下观察残炭的形态，认为由烟煤镜质组衍生的残炭颗粒，由于气孔不与外界相通，燃烧为等密度燃烧（见图片32、33）。如气孔与外界相通，为两种燃烧方式同时进行的混合型燃烧方式（见图片35）。由无烟煤和烟煤丝质组衍生的残炭颗粒一般为等密度燃烧方式（见图片46、47、48）。因它们即使有孔腔，也均为成煤植物的细胞腔，一般不与外界相通。至于所喷煤粉各种显微成分的总的燃烧速度的序列，烟煤镜质组衍生的残炭应比无烟煤各显微组分和烟煤丝质组衍生的残炭较快。虽然烟煤镜质组含挥发分比无烟煤和其丝质组高得多，按理前者比后者析出挥发分需更多的时间，但由于析出挥发分过程所需时间本来极短，而燃烧过程所需时间相对长得多；又由于烟煤镜质组析出挥发分过程使颗粒膨胀形成新的气孔，增加了反应表面，所以由烟煤镜质组衍生的残炭燃烧速度较快。然而由于回旋区煤粒分布不均匀，煤粒所受温度和停滞时间不均等因素，也未必所有煤粒均严格按此序列。由表5-3可知，尽管烟煤镜质组残炭总体上较无烟煤残炭略少，但还有相当数量。这是否可以认为煤粒燃烧是以颗粒为单位独立进行的，烟煤镜质组挥发分高，瞬间析出的挥发分易燃烧，消耗了烟煤镜质组残炭颗粒周围的氧，因而缓冲了它的易燃条件，这可能是其仍保留了相当部分的残炭的一个重要原因。

5.3.3　未燃残炭和部分燃残炭的形态特征

已如前述，由于喷煤量大，在回旋区煤粉浓度高，煤粉分布不均匀，停留时间极短等原因，以及供氧化反应的氧不充分，进回旋区的煤粉未必均进入燃烧阶段。凡在镜下显示颗粒表面光滑的（见图片44），均归属于只析出挥发分而尚未燃烧的未燃残炭。其中烟煤镜质组衍生的未燃残炭的颗粒轮廓呈球形（见图片30）或圆浑形（见图片50），颗粒中或无孔（见图片30），或有光滑单孔（见图片34），或有光滑多孔（见图片40）；无烟煤和烟煤丝质组衍生的残炭，颗粒轮廓光滑而有棱角（见图片48），或无腔（见图片44），或有极小的多腔（见图片43）。认为这些未燃残炭是煤粉进入回旋区的时间和条件所吸收能量只够用于煤粒的塑化和脱挥发分，以及提高煤粒的温度。

由烟煤镜质组衍生的部分燃烧残炭的镜下特点是颗粒表面和气孔壁均不同程度地显示凹凸不平（见图片35）；由无烟煤各种显微组分和烟煤丝质组的部分燃烧残炭，其颗粒表面均粗糙，凹凸不平（见图片45、46），但其中孔腔，由于处于封闭状态，只是在腔壁被燃烧穿透时，才开始燃烧。

5.3.4 对风口不同径向断面中未燃尽残炭检测结果的讨论

5.3.4.1 各段残炭含量变化规律

从图5-5中可看出，在各批风口样中由煤粉衍生的残炭含量，在第一段，即距风口0~500mm处，数量均最多，第二段即减少些，到第三、四、五、六段，残炭进一步减少，并趋于稳定。这是由于一方面从风口刚喷入的煤粉浓度高，温度相对较

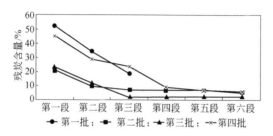

图 5-5 各批各段风口样品中残炭含量的变化规律[23]

低，煤粉虽进入高温的回旋区，但相当大部分的热量均用于提高煤的温度和脱挥发分，故残炭含量较高；待进入到第二段后多数煤粉脱挥发分完成，高温富氧气流提供了燃烧条件，因此，残炭含量就大量减少。此后，燃烧的条件更充分，残炭进一步减少。但由于提供的氧源有限，加之停留时间极短，因此，残炭不可能燃尽，在第三、四、五、六段仍留下少量残炭。据此，可以估计回旋区的深度大致在距风口 1000~1500mm 处。并且由此推知，当每 1t 铁喷煤水平为 161~214kg 时，风口回旋区未出现残炭开始堆积的趋向[24]。

5.3.4.2 从不同类型残炭含量对烟煤和无烟煤的燃烧情况的讨论

从图5-6~图5-8还可看出，由烟煤镜质组衍生的未燃残炭对第一、二、三批各段而言，总体上均比由无烟煤和烟煤丝质组衍生的未燃残炭少，这从进风口前的比例而言，应是有对

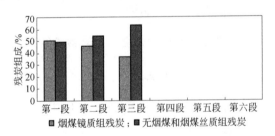

图 5-6　第一批风口焦中由煤衍生残炭组成

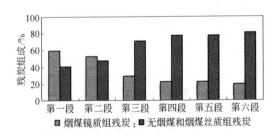

图 5-7　第二批风口焦中由煤衍生残炭组成

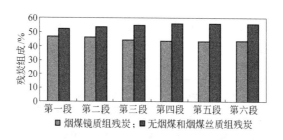

图 5-8　第三批风口焦中由煤衍生残炭组成

应关系的，但前者多处均高于原来的比例。分析其原因可能比较复杂。当供氧较充分的条件下，烟煤含挥发分高，由于脱挥发分极迅速，挥发分含量高低，对其燃烧时间不会有明显影响，而且脱挥发分后形成新的气孔，增加了反应表面，使燃烧速度加速，留下残炭较少。无烟煤和烟煤丝质组在析出少量挥发分过程中不太可能会形成新的气孔而不明显增加反应表面，故未燃残炭留下量较多；在供氧不充分条件下，烟煤镜质组析出的挥发分易燃，脱挥发分残炭颗粒周围氧显然更不充分，故也会使留下的残炭比无烟煤和烟煤丝质组的高；另外，一个更重要的原因是：所喷吹的烟煤和无烟煤是先混合后粉碎成所要求的细度。低变质程度烟煤的硬度比无烟煤高，混合粉碎后低变质程度烟煤总是以较粗颗粒存在。粗颗粒煤比细颗粒更易形成残炭，而细粒煤易于燃尽，这也是使烟煤镜质组形成残炭比进风口前镜质组含量高的一个重要原因。图 5-6 ~ 图 5-8 显示的应是两种情况的综合结果[23,24]。

　　图 5-9 中，显示的第四批样品各段不同残炭比例，与图 5-6 ~ 图 5-8 所示规律不同，即由烟煤镜质组衍生的残炭量均明显高于无烟煤和烟煤丝质组，这可能是由于所喷吹煤料与第一、二、三批风口样不同，见表 5-1，它含 25% 贫煤 D。如图 5-2 所示，贫煤 D 镜质组的反射率分布约 1/3 部分与潞安瘦煤重叠，即这部分镜质组性质与瘦煤的相似。这部分镜质组遭受到如回旋区的

条件也会产生软化现象而形成球体或浑圆体。估计图片 7 中的球体很可能由此类镜质组衍生。它塑性程度不高，分解温度较高，不易在球体内形成气孔。

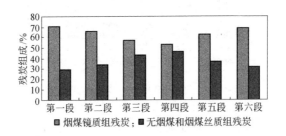

图 5-9　第四批风口焦中由煤衍生残炭组成[23]

5.3.4.3　各种残炭粒径检测结果的分析

从图 5-10～图 5-13 中可以看出：由无烟煤衍生未燃残炭的平均直径远比部分燃烧的残炭大。这是由于燃烧去掉了颗粒表面部分残炭；由烟煤镜质组衍生的未燃残炭平均直径不仅比其部分

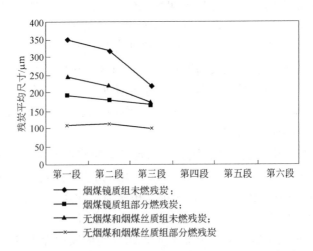

图 5-10　第一批小于 3mm 风口焦样中由煤粉衍生残炭的平均尺寸

燃烧的残炭还大，而且比由无烟煤衍生的残炭也大，这是因为由烟煤镜质组衍生的未燃残炭由于塑性化，残炭内部产生气孔，使残炭平均直径增大[23]。

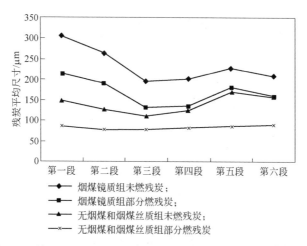

图 5-11　第二批小于 3mm 风口焦样中由煤粉衍生残炭的平均尺寸

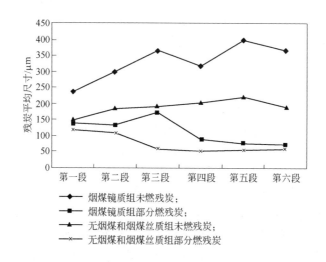

图 5-12　第三批小于 3mm 风口焦样中由煤粉衍生残炭的平均尺寸

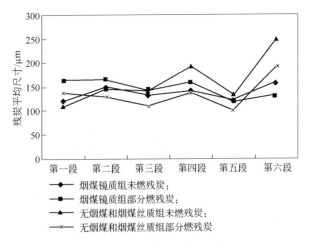

图 5-13 第四批小于 3mm 风口焦样中由煤粉衍生残炭的平均尺寸

5.4 从高炉炉顶随气流逸出的粉尘检测结果的讨论

从炉顶逸出的粉尘经过干式重力除尘器分离下来的称一次灰[23]，再经一文氏管喷淋流入沉淀池的称为二次灰[23]，一文氏管水槽上悬浮的称悬浮物[23]。

5.4.1 一次灰

一次灰中以矿粉和焦末（见图片 28）为主，如图 5-14 所示，二者之和在 94% 以上。估计这是由于在炉顶下料操作过程中，磨损的细矿粉和焦末随上升气流逸出。由无烟煤或烟煤丝质组衍生的残炭很少，仅 6.0% ~ 1.5%。这些残炭估计是在风口未燃尽，进入炉身后，由于活性并不显著比焦炭高，未全部反应而随上升气流逸出。在一次灰中没有发现由烟煤镜质组衍生的未燃和部分燃烧的残炭。这是由于烟煤镜质组残炭的反应活性比焦炭高，在随气流进入炉身、炉腹时，替代焦炭优先与 CO_2 反应掉。

此外，从实验得知：一次灰中各种成分的平均粒径无明显规律。

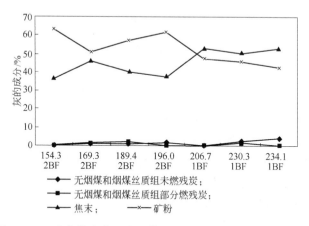

图 5-14 一次灰的成分组成（横坐标按喷煤量由低到高的顺序）

5.4.2 二次灰

二次灰中各种成分的平均粒径明显比一次灰中的小。这完全符合工艺设计所要求的；二次灰组成中仍以矿粉和焦末为主，占 90% 以上（见图片 29、30）。但一次灰中矿粉大致比焦末多，二次灰中焦末比矿粉多。此因矿粉比焦末密度大之故。此外，焦末的平均粒径均比矿粉大。其余为由无烟煤衍生的残炭，仍未发现由烟煤所衍生的残炭。

由此可以认为：所有的各批风口样品在每 1t 铁喷煤水平为 160～214kg 时，其中的烟煤镜质组在回旋区燃烧带未燃尽的残炭，随上升气流进入炉腹，炉身时，由于其活性比焦炭高，在到达炉顶前就代替焦炭反应掉了，而在一次灰和二次灰中，由无烟煤衍生的残炭仍各占 1.5%～6.0% 和 3.0%～9.7%，但其含量与当时的喷煤水平没有发现有明显关系。

5.4.3 悬浮物

从表 5-3 得知：在悬浮物的组成中，95% 以上为炭黑（见图片26），而且不因喷吹煤粉的水平不同而有明显变化。

表 5-3 悬浮物中成分组成 （%）

高 炉	炭 黑	无烟煤和烟煤丝质组未燃残炭	无烟煤和烟煤丝质组部分燃残炭	焦 末
1	96.2	0.0	2.1	1.7
2	97.3	0.2	0.4	2.1

炭黑是由煤的挥发分析出后，在高温、缺氧环境下，经进一步裂解的产物。由于它的反应性比焦炭和其他残炭小，故随气流到达炉顶时仍有相当数量炭黑；又由于其粒径仅为 $10 \sim 300\mu m$，且易形成积聚体，故以悬浮状态浮在水面。

5.5 结论

（1）从每 1t 铁喷煤粉水平为 $161 \sim 214kg$ 时所取四批风口样品中，由煤粉衍生的残炭含量得出：距风口 500mm 处残炭含量与喷煤量有关，距风口 $500 \sim 1000mm$ 处的残炭含量却大幅度下降。距炉壁 1000mm 以上，残炭含量仍进一步大幅度下降，且此后残炭含量稳定在一个较窄的范围。未出现风口回旋区残炭开始堆积的趋向。

（2）从炉顶随气流逸出而回收的一次灰、二次灰和悬浮物中，一次灰和二次灰中的成分组成占绝对优势的是矿粉和焦末，分别为94%和90%以上。前者矿粉多于后者，后者焦粉多于前者；平均粒径前者高于后者；其余均为无烟煤和烟煤丝质组的残炭，各为 $1.5\% \sim 6.0\%$ 和 $3.0\% \sim 9.7\%$，特别值得注意的是：尽管风口样品中有一定数量的烟煤镜质组残炭，而在一次灰和二次灰中却没有发现烟煤镜质组残炭。这是因为烟煤镜质组残炭的反应活性比焦炭高，风口未烧尽的这类残炭，进入炉身、炉腹时遇 CO_2 替代焦炭反应掉，这在一定程度上保护了焦炭的结构，缓解了焦炭的劣化程度。

（3）从各个角度分析由煤衍生的残炭含量和推断其燃烧性

状，可以认为：喷吹烟煤的优点如下：1）由于其中烟煤镜质组挥发分含量高、分解温度低、着火点低，以及析出挥发分的同时，形成塑性有孔球体，增加了反应表面，故相对的比无烟煤燃烧性能佳；2）其在风口未燃尽的残炭，由于其反应活性比焦炭和无烟煤残炭均高，故进入炉身、炉腹可替代部分焦炭的碳溶反应，有利于保护焦炭结构；3）在风口虽仍有一定量由烟煤镜质组形成的残炭，但未见从炉顶逸出，这说明用烟煤喷吹，能物尽其用。它的缺点在于：瞬间析出的挥发分主要是芳烃化合物，由于其中部分来不及燃烧，在高温缺氧的条件下，会进一步裂解生成炭黑。炭黑对高炉操作不利，至少它会使燃料比增加。无烟煤残炭反应活性不及烟煤镜质组残炭，但高于焦炭，故进入炉身后也能替代焦炭反应，但保护焦炭结构的能力不及由烟煤衍生的残炭。因此，在喷吹水平每1t铁为161～214kg时，从炉顶逸出的炉尘中总还是有极少量的无烟煤残炭。然而，它含挥发分少，高温缺氧条件下形成炭黑的可能性也小。据此，如何优化烟煤和无烟煤配比，使高炉生产达到最佳的综合效益，应是今后的研究课题。

参 考 文 献

1 王国雄等. 高炉富氧煤粉喷吹. 北京：冶金工业出版社，1996，10～11

2 王国雄等. 高炉富氧煤粉喷吹. 北京：冶金工业出版社，1996，117～118

3 ［日］M. Stao. 武钢技术，1996，2：14～18

4 王国雄等. 现代高炉煤粉喷吹. 北京：冶金工业出版社，1997，85～86

5 王国雄等. 现代高炉煤粉喷吹. 北京：冶金工业出版社，1997，134～135

6 杜鹤桂. 炼铁，1995，1：4～7

7 杨永宜. 金属学报，1995，2：52～53

8 杨天均等. 高炉富氧煤粉喷吹. 北京：冶金工业出版社，1996，10～12

9 ［法］M. Picard. 国外钢铁，1993，1：4～10

10 王国雄等. 现代高炉煤粉喷吹. 北京：冶金工业出版社，1997，140～141

11 John C. Crelling 等. Fuel，1988，67（1）：781～785

12 张小可. 华中理工大学学报，23，5～7

13 徐万仁等. 国外钢铁，1998，5，30～35

14　杨天均等. 高炉富氧煤粉喷吹. 北京：冶金工业出版社，1996，14~15

15　B. N. Nandi 等. Fuel, 1977, 56（4）：125~130

16　陈鸿等. 化学学报，45（3）：328~333

17　杨天均等. 高炉富氧煤粉喷吹. 北京：冶金工业出版社，1996，123~124

18　王国雄等. 现代高炉煤粉喷吹. 北京：冶金工业出版社，1997，137~138

19　杜鹤桂. 炼铁，1998，4：1~7

20　稻田隆信，车传仁. 国外钢铁，1997，10：13~15

21　郑雨寿等. 显微组分的残炭类型及其燃烧方式. 全国煤岩会议论文，1998

22　徐万仁，杜鹤桂. 煤岩显微组分对高炉喷煤燃烧特性的影响. 宝钢技术，1998，5：30~35

23　周师庸，徐万仁等. 高炉风口煤粉燃烧性状的研究. 钢铁，2000，2

6 模拟焦炭在高炉中碳溶反应的研究

前面章节中分析了高炉中各部位焦炭的各种劣化因素，从中得知，焦炭在进高炉后下行至风口前的过程中，对焦炭结构破坏最严重的是软融带的 CO_2 碳溶反应。可以说，经过此部位后，焦炭被破坏的程度决定了整个高炉能否顺行。特别是高炉实施了富氧喷煤技术后，虽然焦炭作为还原剂和供热的作用有所降低，但由于焦比降低和焦炭在高炉中滞留时间增长，同时却使其作为透气透液骨架作用的负荷有所增加。这对炼铁、炼焦工作者来说，都迫切需要了解不同质量的焦炭在高炉中碳溶反应的各种规律，藉此，用以作为提高焦炭质量、改善配煤技术和调整高炉操作的科学依据。目前，国内国外对这方面的研究报道不少。对此，大致从两方面入手：一方面是在实际生产高炉上，包括对风口焦的研究和高炉解剖的研究。这两种方法均受生产高炉种种条件的限制和各种复杂因素的影响，限制其对焦炭的性质进行有序的和深入细致的研究。另一方面是在实验室用小型装置来模拟高炉中不同的情况。但到目前为止，这方面报道尽管不少，但一般都是试验规模很小，试样量少，反应温度低，可控试验条件的幅度窄。总之，模拟的条件都不够充分。为此，作者和同仁专门研制了一台大型高温反应炉。通过近 10 年的试验，说明此设备基本上能模拟焦炭在高炉中碳溶反应的各种条件[1]。至此，特别应说明的是，此书本章之前提到的反应性 CRI 和反应后强度 CSR 是国家标准。本章之后提到的反应性和反应后强度均由大型高温反应炉得出。

本章中列述了用大型高温反应炉进行大量的有碱和无碱条件下碳溶反应的对比试验结果。目的在于进一步印证两者差别的必然性和规律性,并且再一次提醒读者对高炉循环碱的存在对高炉中焦炭劣化的影响不可忽视。加碱条件下的碳溶反应试验,意在模拟高炉中循环碱存在下的碳溶反应。高炉中循环碱存在是所有生产高炉必然的。即使炉料含碱量很少,高炉生产一段时间后也会积累起来,直至达到一定水平,饱和后,多余的碱才随炉渣排出炉外。因此,炼焦和炼铁工作者必须重视高炉循环碱的存在。

6.1　大型高温反应炉设计要求

为使大型高温反应炉对生产高炉中的软融带具有足够的模拟性,反应炉的设计满足以下的要求:

(1) 反应炉必须达到一定的高温。目前国标测定反应性的反应温度为 1100℃,而据报道[1],高炉软融带温度在 900 ~ 1300℃之间,故认为反应炉的炉膛务必达到 1300℃以上。本反应炉设计炉温可达 1550℃。在温度达到 1000℃以上时,升温速度最高可超过 10℃/min。

(2) 经反应后的焦炭必须有足够的数量和粒度可供作各种焦炭性质检测。目前国标的反应性的焦样为 200g,反应后焦炭数量不足以进行各种焦炭性质测试。故反应炉设计的恒温区容积不低于 3L³,一次入炉试样量可达 1000g 以上,以保证反应后焦样可进行多方面性质的检测。

(3) 反应炉必须可适应 N_2、CO_2、H_2、H_2O 以及 K、Na 蒸气等多种气氛的试验,并对气流量有足够的可调幅度,并达到气流分布均匀。

(4) 炉室必须严密,以防止反应后的高温焦炭在冷却至室温过程中,与空气接触发生氧化反应,从而使反应结果失实。炉室严密,保温良好,以保证良好的重现性。

(5) 装卸料方便,操作周期短,易于掌握。

高温反应炉的所有尺寸和设计，以及所用材质，均经大量调研工作后确定。反应管采用优质刚玉管，电热体采用$MoSi_2$棒，并使之均匀分布在刚玉管的四周。保温材料选用氧化铝空心球砖、轻质高铝砖、硅酸铝耐火纤维等。此外，还选用双铂铑热电偶用于测温和控温。同时，采用自动程序控温仪控制温度。为了操作方便和缩短操作周期，在炉体下部安装了一个带有水冷夹套的接料箱。

高温反应炉如图 6-1 所示。对该反应炉进行恒温区测定的结果表明，此反应炉具有约 150mm 长的恒温区。

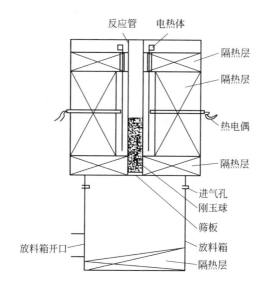

图 6-1 高温反应炉示意图

高温反应炉安装调试完成以后，到目前为止，已经过近 10 年的使用。经大量试验验证，说明其对高炉软融带模拟性良好，是目前国内外最大的、反应温度最高的具有模拟高炉软融带的反应炉。

6.2　大型高温反应炉操作条件的确定

6.2.1　大型高温反应炉操作条件初步选择

大型高温反应炉是根据科研需要自行设计的专用设备。可以借鉴的操作规程不多。故初步拟定操作条件试验，依据下列两项原则：

（1）根据众多文献资料对焦炭反应性试验的介绍，对其中尚难以确定的主要条件进行研究；

（2）正确的工艺条件试验结果，必须符合近年来大量生产高炉风口焦和对应入炉焦之间焦炭显微结构组成相差的规律，即风口焦中 ΣISO 高于相应入炉焦的规律。

在探索最佳操作条件的试验过程中，首先采用了 10 种不同变质程度单种炼焦煤所得的焦炭，分别在以下两种条件下进行了试验：

（1）从众多资料中得知：无碱条件下，焦炭的开始反应温度大致在 900℃左右，并且在 1300℃以上选择性反应基本消失。因此，选择以 100% CO_2 为反应介质，在无碱时，炉温分别达到 900℃、1100℃和 1300℃后，恒温 0.5h，通 CO_2 1h，作为恒温反应的条件试验。

（2）以 100% CO_2 为介质，焦样加 6% 左右碱和不加碱条件下，以 3℃/min 自 900℃升至 1300℃，作为升温反应的条件试验。这里采用 10 种不同变质程度单种煤所得的焦炭进行试验是因为：以不同变质程度单种煤所炼制的焦炭为焦样，预计反应性差别可能会显著些，对正确选择操作条件有利。通过试验，发现在这两种条件下试验的结果表明，ΣISO 变化规律不符合前期大量风口焦和入炉焦指标对比的结果，特别是不显示有明显的选择性反应。因此，认为大型高温反应炉的上述操作条件对焦炭在高炉中碳溶反应的模拟性不够，仍需进一步试验来确定操作条件。

随后，又主要参考了日本西澈等[2]提出的模拟焦炭在高炉中的碳溶反应条件，并根据炉体元件的本身性质等实际情况，确定了以下操作条件：以 2℃/min 从室温升温到 400℃；以 5℃/min 从 400℃ 升温到 800℃；以 2℃/min 从 800℃ 升温到 1200℃；以 7℃/min 从 1200℃ 到 1360℃。反应介质随温度不同而变化（流量），即 400~760℃ 通 N_2；760~1300℃ 通 N_2:CO_2 = 6.5:2；1300~1360℃ 通 N_2:CO_2 = 2:7.5。

此外，认为用单种煤所得焦炭做试验，由于焦炭显微结构组成，对于中变质程度和低变质程度煤，在含量上有明显的倾偏，不易显示选择性反应的结果。因此，这部分试验的焦样，采用了两个生产配煤焦炭（以下简称配焦Ⅰ、配焦Ⅱ）。

6.2.2 优化操作条件的进一步选择

优化操作条件的进一步选择如下：

（1）焦样加工成粒度为 20~30mm 作试样，发现反应后焦块表面颜色不均匀，焦块朝下部分多为黑色。后改为 20~25mm 后，反应后焦块颜色正常，故以后焦样均加工成 20~25mm 粒度。

（2）气流量为 16L/min 时，干燥塔易冲开，反应不均匀。后改为 8L/min 的气流量，克服了上述缺点。

（3）为使不同性质焦炭有进一步明显的区分能力，将终点的保温时间从 10min，延长到 20min。

（4）从 1200℃ 到 1300℃ 以 7℃/min 的升温速度，反应炉中刚玉管极易破裂，故此段升温速度改为 4℃/min。

（5）为了实现在试验中能做不同含碱量的 CO_2 反应试验，曾对焦炭加碱方法做了研究。据报道，蒸汽法加碱量不可能达到试验中所要求的各种含量。因此，重点研究浸泡法加碱。但又发现浸泡法，碱量均不能达到所要求的最高含量。随后又试验了真空浸泡法，真空度为 66.5kPa（500mmHg 柱），时间为 50min 和 30min。试验结果发现反应后的焦炭，灰分显著增加。后对中变质程度炼焦煤的焦炭和较低变质程度炼焦煤所得焦炭反应前后作钾、钠分析，见表6-1，发现反应后焦炭灰分中 K_2O 含量均大大高于反应前焦炭灰分中的含量，此原因已如前述，由于煤中主要无机矿物高岭土，衍生成焦炭后，变成偏高岭土，偏高岭土与 K_2O 的结合能力强于与 Na_2O 的结合能力。说明用真空浸泡法吸附在气孔里面的 K_2O，在此高温炉加热过程中部分留在气孔里。因此，舍弃了真空浸泡法，而采用多次浸泡法，以提高焦炭中碱含量。最后确定的泡碱方法是：用碳酸钾 1.2 ~ 1.4 的比重液浸泡焦炭 5 ~ 10min，烘干至恒重，增重量即为加碱量。如未达到要求量时，再对焦块喷比重液，烘干恒重至要求含量。

表 6-1　反应前后焦炭含碱量的变化（%）

焦　　样	反应前		反应后	
	Na_2O	K_2O	Na_2O	K_2O
中变质程度炼焦煤	0.82	1.48	0.81	22.66
低变质程度炼焦煤	0.27	0.82	0.66	27.97

6.2.3　用最后确定的操作条件，对两种配煤焦炭进行高温反应炉试验的结果

6.2.3.1　两种配煤焦炭高温反应炉的反应性和反应后各种强度变化

从表6-2得知：反应后所得焦炭反应性，加碱比不加碱高；而反应后强度，加碱比不加碱低；显微强度一般反应后比反应前焦炭高；加碱量高的反应性比加碱量低的反应性高。

表 6-2　两种配煤焦炭的反应性和各种强度检测结果（%）

焦样及条件		类　　别	反应性	反应后强度	显微强度
I		原　　样	—	—	47.1
		流量 16L/min 反应后	26.0	71.6	50.2
		流量 16L/min 加碱4% 反应后	32.8	68.2	54.2
II		原　　样	—	—	48.0
		流量 8L/min 加碱2.7% 反应后	26.2	71.0	53.6
		流量 8L/min 加碱4.7% 反应后	32.4	—	—

6.2.3.2 两种配煤焦炭反应后的块度变化

从表6-3得知：不加碱和加碱的焦炭反应后的平均粒度，前者比后者大；加碱少的比加碱多的焦炭反应后平均粒度，前者比后者大。

表6-3 两种配煤焦炭反应后的粒度组成

焦样及条件	类别	粒度组成/%		
		>20mm	20~10mm	<10mm
Ⅰ	流量16L/min 反应后	83.8	12.1	4.1
	流量16L/min 加碱2.3%反应后	67.5	27.7	4.8
	流量16L/min 加碱4%反应后	64.2	28.5	7.3
Ⅱ	流量8L/min 加碱2.7%反应后	75.0	20.6	4.4
	流量8L/min 加碱4.7%反应后	69.4	22.7	7.9

6.2.3.3 两种配煤焦炭反应后显微结构组成的变化规律

从表6-4得知：配焦Ⅰ反应前的原样ΣISO为33.0%；反应后，ΣISO为26.7%，减少6.3个百分点；配焦Ⅰ加2.3%碱，反应后ΣISO为36.9%，增加3.9%。同样，原配焦Ⅱ样，含ΣISO为39.6%，加碱2.6%、3.5%、4.7%反应后，各为41.1%、44.4%、43.4%，分别增加1.5%、4.8%、3.8%；在小于10mm焦粒中，ΣISO增加更多，分别增加7.3%、6.2%、12.2%。以上各系列试验结果显示有明显选择性反应。所得这种选择性的倾向性与大型生产高炉所得风口焦和入炉焦检测结果相同。

表6-4 两种配煤焦炭反应后的粒度组成检测结果 （%）

焦样及条件	焦炭显微结构	各向同性	细粒镶嵌	粗粒镶嵌	叶片	流动型	类丝+破片	基础各向异性	ΣISO
Ⅰ	原样	6.3	3.4	48.0	13.5	1.5	26.7	0.6	33.0
	流量16L/min 反应后	3.8	5.5	49.9	15.4	1.6	22.9	0.9	26.7
	流量16L/min 加碱2.3%反应后	6.6	5.0	43.3	13.0	0.6	30.3	1.2	36.9
	流量16L/min 加碱4%反应后	6.1	5.2	47.4	11.8	1.1	27.1	1.3	33.2

焦炭显微结构　焦样及条件		各向同性	细粒镶嵌	粗粒镶嵌	叶片	流动型	类丝+破片	基础各向异性	ΣISO
	原　样	6.7	7.3	36.6	14.1	1.6	32.9	0.8	39.6
	流量8L/min加碱2.7%反应后	6.8	7.2	35.4	14.2	1.4	34.3	0.7	41.1
	同上<10mm	9.5	6.3	34.3	11.1	0.8	37.4	0.6	46.9
II	流量8L/min加碱3.5%反应后	10.5	3.7	33.8	13.7	1.8	33.9	2.6	44.4
	同上<10mm	10.7	3.0	35.5	11.4	1.8	35.1	2.5	45.8
	流量8L/min加碱4.7%反应后	9.0	4.7	36.2	13.2	1.1	34.4	1.4	43.4
	同上<10mm	9.3	5.4	29.7	9.2	1.5	42.5	2.4	51.8

6.2.4　最终确定的大型高温反应炉操作条件

综上所述，所确定的高温反应炉操作条件对焦炭在高炉中的碳溶反应有较好的模拟性。以后的各系列试验操作均按上述条件进行。进一步确定的操作条件见表6-5。

表6-5　大型高温反应炉操作制度

温度区间	升温速率/℃·min⁻¹	通气制度
室温~400℃	2	400℃时通 N₂，流量为0.18m³/h，3min后改为0.06 m³/h；
400~800℃	5	760℃时通 CO₂，流量为0.124 m³/h，同时 N₂改为0.4 m³/h；
800~1200℃	2	无变化；
1200~1300℃	4	1300℃时将 CO₂流量改为0.464m³/h，同时 N₂改为0.123m³/h；
1300℃	0	恒温20min后关闭 CO₂，通冷却水，同时 N₂改为0.1m³/h

6.3　大型高温反应炉作模拟性试验及所得规律

确定最佳模拟操作条件后，用大型高温反应炉进行了多项试验，现列述部分结果如下。

6.3.1 不同变质程度炼焦煤所得焦炭的大型高温反应炉模拟高炉碳溶反应条件的试验

9 种不同变质程度炼焦煤的性质见表 6-6。根据前述焦样加碱试验结果，认为加 3% 左右碱量，加碱操作较易进行。并且，此碱量对高温反应炉试验与无碱相比已显示有明显差别，故确定不同变质程度煤所得焦炭的加碱量均为 3% 左右。试验结果列于表 6-7。

表 6-6　9 种不同变质程度炼焦煤的性质检测结果

项　目	煤样	E	F	G	H	I	J	K	L	M
工业分析 /%	灰　分	6.39	8.43	8.54	8.44	9.22	11.63	11.21	10.39	10.52
	挥发分	35.21	31.71	31.65	32.57	28.61	23.89	22.04	22.99	19.16
	全　硫	0.36	0.57	0.46	0.34	0.59	0.90	0.69	0.85	0.73
基氏	logDDPM	1.00	1.0	1.04	2.90	4.30	3.17	2.94	2.99	1.53
奥亚/%	收缩度 a	—	—	16	18	18	14	16	16	6
	膨胀度 b	—	—	−5	2	130	85	82	112	10
	全膨胀 $a+b$	仅收缩	仅收缩	11	20	148	99	98	128	16
胶质层	Y 指数/mm	10.0	11.0	11.0	15.0	27.0	21.0	15.0	18.0	13.0
黏结指数	G	60	64	67	80	85	88	84	85	70
镜质组平均最大反射率	$\overline{R}_{max}$/%	0.64	0.67	0.71	0.71	1.02	1.15	1.17	1.19	1.33
煤岩显微组分组成 /%	镜质组 Vt	59.2	54.2	52.3	58.5	67.9	71.7	60.8	62.0	60.6
	半镜质组 SVt	11.7	13.0	11.9	9.7	12.0	7.8	14.6	13.1	13.1
	丝质组 F	18.6	18.5	20.6	17.9	13.6	13.5	15.1	20.4	19.0
	壳质组 E	6.2	9.1	11.0	6.7	2.4	0.3	2.6	0.1	0.6
	矿物 M	4.4	5.1	4.1	7.4	4.1	6.7	7.0	4.8	7.0

表 6-7　单种煤焦炭的反应性及各种强度检测结果（%）

煤样	类　别	SCO CRI	I 转鼓	反应性	反应后强度	结构强度	显微强度
E	原　样	48.6	72.1	—	—	65.5	29.0
	无　碱	—	—	30.6	56.3	64.8	33.2
	加碱 3.47%	—	—	35.3	52.0	72.3	39.1
F	原　样	40.3	83.5	—	—	64.8	41.1
	无　碱	—	—	28.2	66.5	63.8	36.9
	加碱 3.50%	—	—	35.9	69.0	78.9	51.6
G	原　样	36.3	84.6	—	—	68.3	37.4
	无　碱	—	—	30.8	70.1	67.7	38.6
	加碱 3.35%	—	—	37.3	71.6	79.8	53.0
H	原　样	34.9	83.2	—	—	68.6	46.7
	无　碱	—	—	27.5	67.0	68.4	44.9
	加碱 3.40%	—	—	34.5	60.7	80.0	55.3
I	原　样	16.0	85.2	—	—	77.0	46.8
	无　碱	—	—	20.3	68.5	74.9	50.4
	加碱 3.67%	—	—	33.1	63.1	79.9	58.7
J	原　样	23.0	85.3	—	—	74.7	50.1
	无　碱	—	—	23.3	65.8	69.8	46.4
	加碱 3.60%	—	—	33.5	57.7	81.2	57.8
K	原　样	15.5	86.6	—	—	74.2	55.6
	无　碱	—	—	20.3	64.7	70.4	50.9
	加碱 3.67%	—	—	39.8	59.5	76.7	58.6
L	原　样	25.4	86.7	—	—	74.9	49.5
	无　碱	—	—	26.1	66.5	75.4	55.0
	加碱 3.61%	—	—	36.6	57.6	80.1	61.0
M	原　样	27.1	87.1	—	—	84.9	53.4
	无　碱	—	—	24.1	62.6	76.3	48.9
	加碱 3.51%	—	—	34.9	49.9	82.6	57.2

6.3.1.1　焦炭反应性试验结果比较

从表 6-7 和图 6-2 可明显看出：当焦炭不加碱时，由高温反应炉得出反应性的高低规律与常规国标检测的反应性的顺序相同，只是前者相互间差异的幅度比后者小些。这是由于设备和操作条件完全不同之故。当焦炭加碱后，原来中变质程度炼焦煤所得焦炭反应性低的，反应性增加幅度大；原来低变质程度炼焦煤所得焦炭反应性高的，反应性增加幅度小。这样，导致九种焦炭的反应性差异大大缩小。

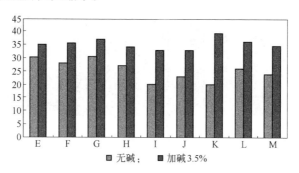

图 6-2　单种煤焦炭的反应性

6.3.1.2　反应前和反应后 I 转鼓强度比较

9 种焦炭的反应前焦样的 I 转鼓强度均最高；不加碱的焦炭反应后，焦炭强度均次之；加碱的焦炭反应后，焦炭强度一般最低，如图 6-3 所示。

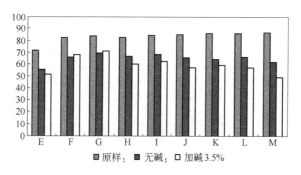

图 6-3　单种煤焦炭反应前后的 I 转鼓强度

6.3.1.3 焦炭反应后结构强度比较

不加碱焦炭反应后的结构强度，一般均较反应前焦炭略低，而加碱后的焦炭反应后结构强度一般都有明显的提高，如图 6-4 所示。

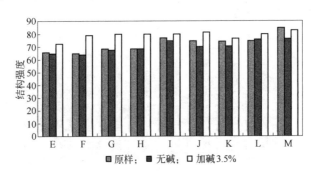

图 6-4　单种煤焦炭反应前后的结构强度

6.3.1.4 焦炭反应后显微强度的比较

加碱焦炭反应后的显微强度均明显高于反应前焦样和不加碱反应后的焦样，如图 6-5 所示。这一规律与其结构强度相同。但不加碱焦炭反应后的显微强度与反应前焦样相比较，不显示有明显规律。

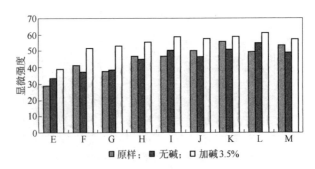

图 6-5　单种煤焦炭反应前后的显微强度

6.3.1.5 焦炭反应前后显微结构组成的比较

从 9 种煤所得焦炭反应后显微结构组成的比较见表 6-8 和图 6-6，总体来说，没有规律。但按其各自不同的变质程度和煤岩组成来分析，没有规律是合理的。例如，煤 E 的焦炭，其原焦样的 ΣISO 含量在 90% 以上，其他显微结构很少。因此，加碱和不加碱焦炭反应后的 ΣISO 含量仍在 90% 以上，难以显示其差别；又如煤 F、煤 G、煤 H 3 种煤的变质程度略高些，所得焦炭反应后有一定量的各向异性结构，加碱焦炭反应后的 ΣISO 均明显比原焦样和不加碱焦炭反应后的高；至于其他 5 种煤的 $\overline{R}_{max}$ 均在 1.0% 以上，原焦样中各向同性结构几乎极少或没有，除了其中变质程度略低的煤 I 的焦炭中 ΣISO 含量变化略大些以外，其他 4 种煤所得焦炭的原焦的 ΣISO 含量，与其不加碱和加碱焦炭反应后 ΣISO 含量相比较，变化极小，或几乎不显示有变化。因此，如上所述，以单种煤焦炭为高温反应炉试样做试验，欲洞察其显微结构变化缺少实际意义。

表 6-8 高温反应前后单种煤焦炭的显微结构组成检测结果

煤样	类别	各向同性	细粒镶嵌	粗粒镶嵌	流动状	叶片状	类丝＋破片	基础各向异性	ΣISO
E	原样	44.2	1.1	4.4	2.6	0	47.7	0	91.9
	无碱	41.5	1.2	3.1	1.5	0	52.7	0	94.2
	加碱 (3.47)	45.3	0.4	5.1	3.0	0	46.2	0	91.5
F	原样	18.5	26.2	9.1	1.0	0.4	44.8	0	63.3
	无碱	17.8	19.4	13.8	2.4	0.4	46.2	0	64.0
	加碱 (3.50)	20.2	13.8	9.2	3.0	0.1	53.7	0	73.9
G	原样	40.1	8.3	6.8	2.4	0.4	42.0	0	82.1
	无碱	36.3	7.7	11.3	2.4	0	41.9	0	78.2
	加碱 (3.35)	41.1	5.7	9.8	1.1	0	42.3	0	83.4

续表 6-8

煤样	类 别	各向同性	细粒镶嵌	粗粒镶嵌	流动状	叶片状	类丝+破片	基础各向异性	ΣISO
H	原 样	33.0	11.6	11.7	3.3	0.2	40.2	0	73.2
	无 碱	32.9	11.7	11.8	3.5	0	40.1	0	73.0
	加碱 (3.40)	34.1	9.2	12.4	2.0	0.4	41.9	0	76.0
I	原 样	0.8	0.5	30.3	48.5	0.4	19.5	0	20.3
	无 碱	0.8	0	26.7	47.8	0.2	24.5	0	25.3
	加碱 (3.67)	0.9	0.3	40.4	31.9	0.2	26.3	0	27.2
J	原 样	0	0	22.4	59.2	0	18.4	0	18.4
	无 碱	0	0	27.3	52.4	0.7	19.6	0	19.6
	加碱 (3.60)	0	0	25.1	52.8	0.5	21.6	0	21.6
K	原 样	0.4	0.3	20.8	51.2	0.2	24.4	2.7	24.8
	无 碱	0.4	0	23.6	48.6	0.4	24.3	2.7	24.7
	加碱 (3.67)	2.0	0	24.0	43.6	0.8	27.1	2.5	29.1
L	原 样	1.0	0	25.0	52.5	0.3	21.2	0	22.2
	无 碱	0.9	0	26.2	50.0	1.2	21.7	0	22.6
	加碱 (3.61)	1.4	0	35.7	40.4	1.2	21.3	0	22.7
M	原 样	0.8	0	6.3	55.6	6.3	28.0	3.0	28.8
	无 碱	0.7	0	5.6	55.4	5.6	29.8	2.9	30.5
	加碱 (3.51)	2.0	0	7.8	54.4	4.1	30.1	1.6	32.1

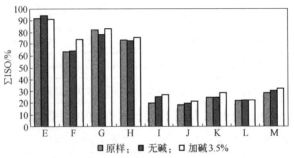

图 6-6　单种煤焦炭反应前后显微结构中的 ΣISO 变化

6.3.1.6　焦炭反应后粒度组成比较

从表6-9得知：加碱焦炭反应后的平均粒度均明显减小。但一般变质程度较高煤的焦炭，加碱和不加碱，反应后平均粒度变化幅度一般总是比变质程度较低煤的焦炭的大。

表6-9　高温反应后单种焦炭的粒度组成检测结果

煤　样	类　　别	粒度组成/%			平均粒度 /mm
		>20mm	20~10mm	<10mm	
E	无　碱	79.8	14.3	5.9	22.4
	加碱（3.47）	74.9	19.1	6.0	21.9
F	无　碱	81.2	15.0	3.8	22.7
	加碱（3.50）	78.4	15.8	5.8	22.3
G	无　碱	75.1	21.1	3.8	22.1
	加碱（3.35）	71.1	21.8	7.1	21.4
H	无　碱	87.1	9.7	3.2	23.4
	加碱（3.40）	81.0	15.4	3.6	22.7
I	无　碱	88.1	8.4	3.5	23.5
	加碱（3.67）	71.1	22.1	6.2	21.4
J	无　碱	82.2	13.9	3.9	22.8
	加碱（3.60）	65.2	26.9	7.9	20.7
K	无　碱	77.0	20.3	2.7	22.4
	加碱（3.67）	56.6	35.5	7.9	19.9
L	无　碱	78.5	16.4	5.1	22.3
	加碱（3.61）	63.0	29.7	7.3	20.6
M	无　碱	85.4	9.0	5.6	23.0
	加碱（3.51）	67.7	23.7	8.6	20.9

6.3.1.7　焦炭反应后气孔参数的比较

对焦炭气孔率指标，无论试验焦样有碱或无碱，焦炭反应后，其数值均应比原焦炭高或相近，均应视为合理的。然而，表中数据并非如此。变质程度低的煤 E、煤 H、煤 G 所得焦炭气孔率无论加碱或不加碱，反应后与原焦炭气孔率基本相似；煤 F 的焦炭不加碱反应后气孔率与原焦炭气孔率相近，加碱后则低；煤 I、煤 J、煤 K 的焦炭加碱反应后的气孔率比原焦炭低，不加碱焦炭与原焦炭气孔率相似或较高；煤 L 的焦炭 3 种气孔率最正常；煤 M 焦炭不加碱反应后气孔率比原焦炭的高，这是合理的，但加碱后，则与原焦炭相近。根据所述情况，认为加碱焦炭反应后气孔率比原焦炭低的原因是由于碱在到达高温区时，并不完全升华，不少还残留在焦炭结构中。9 种焦炭加碱经反应，气孔率变化规律不同，可以认为是由气孔壁表面对碱的吸附性能不同所致，这是因为单种煤所得焦炭的气孔壁的显微结构组成差别极大所致。至于 9 种焦炭的真密度，无论有碱无碱，反应后焦炭的真密度均比原焦炭略高，这是由于焦炭经高温反应炉，焦炭中可石墨化的部分结构进一步致密所致。

6.3.2　实用配煤方案所得焦炭大型高温反应炉的试验结果

6.3.2.1　配合煤的煤质和所得焦炭检测结果和分析

为使试验能尽量紧密结合生产实际，所拟定的 9 种配煤方案，在焦炭质量和所用煤种上均为企业今后生产可望实施的配煤方案。配煤方案列于表6-10。配煤方案的序列按强黏结煤用量从高到低排列。各配合煤性质见表6-11。由于 9 种配煤方案均属生产可用方案，所以尽管强黏结煤用量波动在 37% ~ 53%，由于同类煤性质有较大差异，运用原有的经验配煤技术，可使配合煤的性质波动幅度不大。并且，波动的高低与配煤方案的序号并不相符，有的甚至以配煤中强黏结煤的含量来衡量配合煤的黏结性，还存在矛盾。这就是现行煤分类和工艺指标在生产上还不可能运用自如的一个例证。

表 6-10 配煤焦炭的配煤比（%）

配煤方案	强黏煤	1	2	3	4	5	6	7	8
1 号	53	15	12	15	12	13	13	15	5
2 号	50	15	20	10	12	13	10	15	5
3 号	45	13	20	15	12	13	10	10	7
4 号	45	20	15	15	12	13	10	10	5
5 号	45	15	20	15	10	13	10	12	5
6 号	40	13	25	15	10	10	10	10	7
7 号	40	13	25	15	12	12	8	8	7
8 号	40	20	25	10	10	10	10	10	5
9 号	37	15	28	15	10	9	10	8	5

表 6-11 配煤焦炭的原料煤及配合煤性质检测结果

类 别		工业分析/%			基 氏	奥亚/%	胶质层/mm	黏结指数	镜质组反射率
		A	V	S	logDDPM	$a+b$	Y	G	R_{max}
单种煤	1	6.76	33.99	0.35	0.8	5	10	60	0.64
	2	8.86	31.31	0.62	2.47	33	13	74	0.67
	3	8.79	33.68	0.34	2.77	37	14.5	77	0.71
	4	9.54	28.61	0.60	4.50	257	27	90	1.02
	5	10.4	23.27	0.80	3.59	198	23	89	1.19
	6	9.41	22.96	0.69	2.84	52	15	83	1.17
	7	9.24	18.71	0.88	1.84	14	13	77	1.33
	8	9.71	14.78	0.35	0	0	6	38	1.73
配合煤号	1	8.40	26.80	0.57	3.23	26	15	79	1.00
	2	8.50	28.01	0.60	2.41	20	13	74	0.99
	3	8.75	27.80	0.57	2.96	24	14	72	0.98
	4	8.24	27.90	0.54	2.51	22	13	74	0.95
	5	8.29	27.14	0.56	3.10	20	13	80	0.96
	6	8.83	26.54	0.57	2.94	20	13	72	0.96
	7	8.47	27.52	0.56	2.65	21	14.5	72	0.95
	8	8.23	28.99	0.59	2.66	22	13	73	0.97
	9	8.76	28.97	0.56	3.68	24	15	80	0.92

由于配合煤性质不符合按照以强黏结煤序列的排列次序，表6-12 中所有常规的焦炭质量指标也不符合配合煤序列的次序。

表 6-12　配合煤焦炭的性质检测结果

类 别	工业分析/%			强度	反应性试验		粒度分析/mm		成焦率
	A	V	S	DI_{15}^{150}	CRI	CSR	平均	<15	
1 号	11.56	0.94	0.47	84.9	17.4	72.1	68.4	3.6	74.5
2 号	11.60	0.88	0.57	83.8	34.0	51.7	59.6	1.1	74.2
3 号	11.58	0.99	0.55	84.4	30.6	56.7	58.8	2.8	73.4
4 号	11.72	0.95	0.53	84.2	34.7	51.0	66.7	3.4	73.3
5 号	11.46	1.16	0.50	83.7	19.9	68.4	67.6	3.2	74.0
6 号	11.89	1.02	0.54	84.4	33.8	50.1	63.7	4.4	73.5
7 号	11.68	0.96	0.56	84.4	35.0	52.1	67.4	3.8	73.0
8 号	11.52	0.98	0.56	84.0	36.0	50.4	66.4	3.1	73.7
9 号	11.71	1.06	0.48	84.8	24.2	64.8	65.0	3.2	73.3

6.3.2.2　不同含碱量焦炭的大型高温反应炉试验结果和分析

6.3.2.2.1　焦炭反应性和反应后的粒度变化规律

从表6-13 得知：加碱在2%左右时，焦炭反应性比不加碱时明显提高；焦粒24～25mm 明显减少，0～10mm 明显增加。进一步提高碱含量，反应性一般增加幅度小，甚至不再增加，焦炭粒度变化小，且无规律[4,5]。

表 6-13　配煤焦炭的反应性与反应后粒度组成检测结果

配煤方案 \ 类别	碱量/%	反应性/%	反应后粒度组成/%		
			25～20mm	20～10mm	10～0mm
1 号	0.0	21.7	88.6	7.6	3.8
	1.2	32.6	78.5	16.2	5.3
	2.2	32.1	68.9	25.1	6.0
	3.2	30.4	76.0	17.1	6.9
	4.3	30.9	78.3	14.1	7.6
	5.3	30.5	74.3	20.2	5.5

类别 / 配煤方案	碱量/%	反应性/%	反应后粒度组成/%		
			25~20mm	20~10mm	10~0mm
2 号	0.0	24.0	87.0	10.2	2.8
	2.4	31.5	69.2	23.4	7.4
	3.3	32.4	77.0	18.8	4.2
3 号	0.0	23.9	80.1	16.4	3.5
	2.4	30.3	66.4	27.1	6.5
	3.5	36.1	76.0	19.0	5.0
4 号	0.0	25.2	81.1	14.7	4.2
	3.4	34.4	70.0	23.2	6.8
	4.8	34.4	74.5	18.4	7.1
5 号	0.0	22.1	84.7	11.5	3.8
	2.3	31.6	73.8	19.6	7.2
	3.4	31.0	73.2	19.6	7.2
	5.2	31.3	67.6	24.8	7.6
6 号	0.0	23.7	79.7	16.3	4.0
	3.6	29.3	71.2	23.0	5.8
	6.8	31.1	78.6	16.6	4.8
7 号	0.0	27.2	80.5	16.4	3.1
	2.2	31.3	71.3	21.2	6.8
	3.6	33.2	72.2	23.0	4.8
8 号	0.0	26.6	78.5	17.1	4.4
	2.3	31.1	74.1	18.2	7.7
	4.8	34.2	65.7	24.9	9.4
9 号	0.0	21.7	87.9	8.9	3.2
	1.2	30.6	79.6	15.9	4.5
	2.3	29.5	72.5	21.1	6.4
	3.2	30.3	77.9	15.6	6.5
	4.3	30.3	72.5	18.2	9.3
	5.2	33.8	69.3	24.0	6.7

注：1. SCO 为模拟焦炉的缩写，装湿煤 70kg，结焦终温为 1050℃。

2. CRI 和 CSR 为国标的反应性和反应后强度；而表中的反应性和反应后强度为大型高温反应炉所得的结果。

6.3.2.2.2 焦炭反应后各种强度变化规律

从表 6-14 得知：焦炭反应后强度，焦炭加碱一般比不加碱的低；随着焦炭碱含量提高，反应后强度多数进一步减少，个别不显示变化，或甚至有所增加。

表 6-14　配煤焦炭的反应性及各种强度检测结果（%）

类别 配煤方案	碱量	SCO CRI	SCO CSR	I 转鼓强度	反应性	反应后强度	结构强度	显微强度
1 号	原样	17.4	72.1	87.8	—	—	79.7	48.8
	0.0	—	—	—	21.7	70.9	71.7	48.5
	1.2	—	—	—	32.6	71.7	79.1	53.9
	2.2	—	—	—	32.1	70.6	78.7	52.7
	3.2	—	—	—	30.4	58.7	78.4	53.9
	4.3	—	—	—	30.9	47.4	83.1	59.2
	5.3	—	—	—	30.5	43.2	80.0	57.3
2 号	原样	34.0	51.0	87.3	—	—	78.8	48.8
	0.0	—	—	—	24.0	70.1	76.5	49.1
	2.4	—	—	—	31.5	64.4	80.6	56.5
	3.3	—	—	—	32.4	53.7	81.9	58.7
3 号	原样	30.6	56.7	86.5	—	—	79.8	47.5
	0.0	—	—	—	23.9	68.9	74.9	48.9
	2.4	—	—	—	30.3	73.3	80.5	56.6
	3.5	—	—	—	36.1	55.1	79.0	55.4
4 号	原样	35.0	49.0	84.6	—	—	76.2	46.2
	0.0	—	—	—	25.2	66.0	73.2	48.1
	3.4	—	—	—	34.4	49.9	80.9	58.1
	4.8	—	—	—	34.4	63.1	79.7	55.2
5 号	原样	19.9	68.4	87.0	—	—	77.4	48.2
	0.0	—	—	—	22.1	70.3	68.9	46.9
	2.3	—	—	—	31.6	65.7	78.7	54.2
	3.4	—	—	—	31.0	59.0	75.4	53.2
	5.2	—	—	—	31.3	37.7	79.2	57.9
6 号	原样	33.8	50.1	87.0	—	—	79.3	46.9
	0.0	—	—	—	23.7	68.9	73.7	46.5
	3.6	—	—	—	29.3	50.9	83.0	56.8
	6.8	—	—	—	31.1	51.0	81.7	58.0
7 号	原样	35.0	52.1	86.0	—	—	76.8	46.8
	0.0	—	—	—	27.2	68.3	73.6	46.8
	2.2	—	—	—	31.3	71.2	78.2	55.1
	3.6	—	—	—	33.2	59.4	83.8	58.7

类别 配煤方案	碱量	SCO CRI	SCO CSR	I转鼓 强度	反应性	反应后 强度	结构 强度	显微 强度
8 号	原样	36.0	50.4	84.1	—	—	78.8	44.4
	0.0	—	—	—	26.6	67.0	72.5	44.1
	2.3	—	—	—	31.1	70.3	77.2	55.7
	4.8	—	—	—	34.2	47.5	80.4	56.8
9 号	原样	24.2	64.8	87.5	—	—	73.7	44.2
	0.0	—	—	—	21.9	71.0	69.1	46.6
	1.2	—	—	—	30.6	73.7	78.1	50.1
	2.3	—	—	—	29.5	69.7	78.5	48.6
	3.2	—	—	—	30.3	62.0	75.2	51.0
	4.3	—	—	—	30.3	50.6	81.7	55.0
	5.2	—	—	—	33.8	41.6	80.4	54.1

注：1. SCO 为模拟焦炉的缩写. 装湿煤 70kg 的试验小焦炉；

　　2. CRI 和 CSR 分别为国标反应性和反应后强度的缩写；本章和本章后的反应性和反应后强度均指大型高温反应炉试验得出的结果。

从表 6-14 可知，焦炭结构强度的变化规律为：

（1）加碱焦炭反应后的结构强度比原焦样低，因反应破坏了焦炭的结构。

（2）加碱焦炭反应后的结构强度比不加碱焦炭反应后的高，甚至比原焦样的还高。随着焦炭加碱量提高，结构强度出现不规则的增减。

从表 6-14 得知，焦炭显微强度的变化规律为：

（1）不加碱焦炭反应后的显微强度比原焦样一般应略有提高。这是由于经 1300℃ 处理后，焦炭气孔壁有不同程度的石墨化，结构进一步致密所致。

（2）不同焦炭加碱量对焦炭各种强度的影响与预计不符或变化不规则的原因，从表 6-15 可得到说明：加碱后焦炭反应后 K_2O 大大增高，而且随着加碱量的增加，反应后焦炭中 K_2O 含量也随着增加。这些碱经高温反应炉这样的高温历程不会升华，而且由于 K_2O 易于与焦炭灰分中偏高岭土结合，K_2O 残留在焦炭中加固了焦炭的结构，由于造成这种残留和加固的因素不够稳定，致使反应后各种强度指标变化不规则。

表 6-15　配煤焦炭反应前后 K_2O 和 Na_2O 含量（％）

配煤方案	碱种类 碱 量	K_2O	Na_2O	配煤方案	碱种类 碱 量	K_2O	Na_2O
2 号	0.0	0.070	0.068	6 号	0.0	0.063	0.084
	2.4	1.180	0.094		3.6	1.950	0.089
	3.3	1.820	0.090		5.0	2.510	0.130
					6.8	3.360	0.091
3 号	0.0	0.190	0.078	7 号	0.0	0.070	0.080
	2.4	1.400	0.094		2.2	1.230	0.094
	3.5	1.920	0.079		3.6	1.920	0.081
4 号	0.0	0.067	0.067	8 号	0.0	0.082	0.082
	3.4	1.790	0.082		2.3	1.060	0.083
	4.8	2.590	0.099		3.5	1.970	0.081
					4.8	2.330	0.081

在表 6-15 中，从比较反应前后焦炭中 K_2O 和 Na_2O 含量得出：加碱量越高，焦炭反应后的 K_2O 也均越高，而 Na_2O 却保持没有规律的增减。这是因为焦炭中灰分的主要成分偏高岭土易与 K_2O 结合。这实验又一次证实了这一结论。

6.3.2.2.3　焦炭反应后显微结构组成变化规律

以 ΣISO 含量作为显微结构组成变化的指标，来分析表 6-16 中所列的数据。

表 6-16　配煤焦炭反应前后的显微结构组成（％）

配煤方案	碱量	各向同性	细粒镶嵌	粗粒镶嵌	流动状	叶片状	类丝＋破片	基础各向异性	ΣISO
1 号	原样	11.0	11.4	32.5	13.8	2.5	27.8	1.0	38.8
	0.0	7.9	10.1	39.0	13.2	2.0	26.9	0.9	34.8
	1.2	10.4	4.9	40.0	13.3	1.4	29.0	1.0	39.4
	2.2	11.1	7.7	35.4	15.4	1.8	27.6	1.0	38.7
	3.2	11.5	7.4	31.5	13.4	2.0	33.2	1.0	44.7
	4.3	11.0	6.6	33.8	11.7	1.0	34.8	1.1	45.8
	5.3	11.6	4.7	33.8	14.6	1.5	32.8	1.0	44.4

类别 配煤方案	碱量	显微结构							ΣISO
		各向 同性	细粒 镶嵌	粗粒 镶嵌	流动状	叶片状	类丝+ 破片	基础各 向异性	
2号	原样	14.1	10.1	33.9	10.0	0.5	30.6	0.8	44.7
	0.0	13.1	9.8	34.0	11.7	0.9	29.7	0.8	42.8
	2.4	13.4	4.8	35.3	13.3	1.0	31.3	0.9	44.7
	3.3	15.0	6.8	28.8	14.0	0.6	33.8	1.0	48.8
3号	原样	9.3	11.3	36.3	10.8	0.7	30.8	0.8	40.1
	0.0	7.9	12.1	35.1	11.7	1.1	31.3	0.8	39.2
	2.4	9.0	12.0	37.0	9.3	0.8	31.2	0.7	40.2
	3.5	9.6	10.8	32.6	9.9	0.5	35.7	0.9	45.3
4号	原样	13.8	11.6	31.7	10.5	1.3	30.3	0.8	44.1
	0.0	11.0	9.0	33.8	12.7	0.9	31.5	1.1	42.5
	3.4	14.0	7.3	31.0	13.5	0.6	32.7	0.9	46.7
	4.8	14.6	6.8	31.7	11.2	1.1	33.6	1.0	48.2
5号	原样	11.0	10.1	36.6	10.6	0.3	30.4	1.0	41.4
	0.0	10.1	11.5	37.8	12.4	0.9	26.3	1.0	36.4
	2.3	11.0	11.0	34.2	12.0	1.1	29.7	1.0	40.7
	3.4	11.0	9.6	33.0	10.2	0.5	34.7	1.0	45.7
	5.2	14.5	7.1	30.2	12.4	1.4	33.6	0.8	48.1
6号	原样	12.6	12.6	25.0	10.5	1.0	37.1	1.2	49.7
	0.0	9.3	9.0	35.8	8.3	0.6	36.9	1.1	46.2
	3.6	15.1	8.7	25.2	9.2	0.8	39.9	1.1	55.0
	6.8	16.2	6.0	27.0	9.0	0.8	39.8	1.2	56.0
7号	原样	10.3	9.5	33.2	12.2	1.7	31.8	1.3	42.1
	0.0	9.4	10.3	35.7	14.5	1.5	27.3	1.3	36.7
	2.2	9.0	8.6	38.0	11.8	1.2	30.2	1.2	39.2
	3.6	13.0	6.0	32.7	10.6	1.4	35.1	1.2	48.1
8号	原样	12.9	10.0	27.3	4.3	0.9	43.6	1.0	56.5
	0.0	10.7	8.7	33.3	6.8	0.9	38.6	1.0	49.3
	2.3	16.3	5.5	25.3	6.7	1.3	43.8	1.1	60.1
	4.8	16.4	6.8	21.8	6.8	1.9	45.4	0.9	61.8
9号	原样	12.9	13.3	31.7	9.8	0.6	30.7	1.0	43.6
	0.0	9.3	12.8	36.6	12.0	0.6	27.6	1.1	36.9
	1.2	12.6	12.5	32.0	9.5	0.2	32.2	1.0	44.8
	2.3	13.3	11.5	29.7	11.5	1.0	32.0	1.0	45.3
	3.2	16.0	13.4	25.4	13.2	1.4	29.6	1.0	45.6
	4.3	15.8	13.3	26.4	9.9	1.3	32.2	1.1	48.0
	5.2	16.7	13.1	23.3	12.4	0.6	32.9	1.0	49.6

当不加碱时，焦炭反应后的 ΣISO 含量，不同程度地均比原焦样中 ΣISO 含量低。这说明不加碱时 ΣISO 的抗高温碳溶损能力比其他各向异性结构弱；加碱焦炭反应后的 ΣISO 含量均比不加碱焦炭反应后的 ΣISO 含量高，而且随着加碱量增加，焦炭反应后的 ΣISO 含量随之增加。但在加碱量达到一定水平时，反应后焦炭的 ΣISO 含量均明显超过原焦样中的 ΣISO 含量。这一现象说明两个问题[5~7]：一是加碱后焦炭中的 ΣISO 抗高温碳溶损能力比其他各向异性结构强；二是基于加碱与不加碱焦炭出现的高温碳溶损选择性反应的逆转现象，必然会存在一个逆转交点时的焦炭碱含量。针对上述第二个问题，对配煤中含强黏结煤最多的 1 号配煤和含强黏结煤最少的 9 号配煤所得焦炭，进行 6 种不同加碱时的高温反应炉的试验。试验结果示于表 6-16 中。将原焦样的 ΣISO 含量作为焦炭选择性反应逆转时交点的焦炭 ΣISO 含量，因此，可得出逆转时交点处焦炭的碱含量，此时大致含碱量为 2% ~3%。其余 7 个配煤方案的焦炭虽未如 1、9 配煤方案所得焦炭作如此充分试验，但也曾进行了不同含碱量的 3~4 次的条件试验，其结果逆转反应点处的碱量，大致也在 2% ~3% 范围。

6.3.3　焦炭在水蒸气存在下的大型高温反应炉实验结果和分析

高炉气氛中不同程度的存在水蒸气，水蒸气与 CO_2 一样，均可成为碳溶损反应的介质。因此，对此进行了强黏结煤含量最高和最低的配合煤所得焦炭的加碱和不加碱两个系列的碳溶反应试验。对气氛中从 0% ~2% 不同水蒸气含量的 6 个条件进行试验，试验结果见表 6-17。

6.3.3.1　对反应性的影响

从表 6-17 得出：在气氛中加入水蒸气后，反应性明显提高；随着水蒸气浓度从 0.2% 增加到 2.0%，反应性几乎呈直线上升；加碱焦炭与不加碱焦炭，在含有水蒸气的气氛中反应的反应性，前者仍远高于后者，而且随着水蒸气浓度增大，加碱焦炭的反应性增加基本上呈直线上升趋势。即水蒸气对含碱焦炭的反应性影响大，特别在水蒸气浓度高时更甚，如图6-7所示。

表6-17　焦炭在不同浓度水蒸气存在下的反应性
和反应后各种强度（%）

配煤序号	碱量	水蒸气量	反应性	反应后强度	结构强度	显微强度
1	0.0	0.0	21.7	70.9	71.7	48.5
		0.2	23.9	67.5	75.9	48.2
		0.4	27.1	65.5	75.7	48.1
		0.8	29.5	64.9	73.4	45.9
		1.4	33.4	62.4	71.4	48.5
		2.0	35.7	59.1	67.5	48.1
	3.5	0.0	30.4	58.7	78.4	53.9
		0.2	34.3	58.9	81.6	54.5
		0.4	37.0	57.9	81.4	56.6
		0.8	41.5	56.5	80.8	55.5
		1.4	47.7	50.4	78.7	54.4
		2.0	58.4	48.8	77.3	54.1
9	0.0	0.0	21.9	71.0	69.1	46.6
		0.2	25.5	69.4	76.2	49.4
		0.4	28.0	67.5	73.3	47.0
		0.8	30.5	65.1	72.3	48.7
		1.4	34.7	61.4	69.7	48.9
		2.0	37.9	60.4	72.9	47.0
	3.5	0.0	30.3	62.0	75.2	51.0
		0.2	32.6	61.1	81.0	54.6
		0.4	37.4	54.7	81.2	55.5
		0.8	39.3	54.0	80.5	55.7
		1.4	46.6	48.1	78.8	56.1
		2.0	54.9	45.9	79.2	53.4

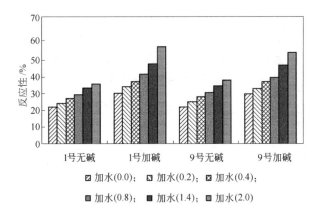

图 6-7   焦炭在不同浓度水蒸气存在下的反应性[5]

6.3.3.2   对反应后强度的影响

加碱和不加碱焦炭，在有水蒸气气氛下反应后强度均明显下降；随着水蒸气浓度增加，反应后强度基本上呈直线下降，如图 6-8 所示。

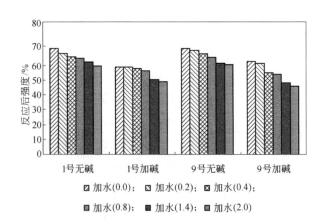

图 6-8   焦炭在不同浓度水蒸气存在下反应后的强度[5]

6.3.3.3　对结构强度和显微强度的影响

随着气氛中水蒸气浓度不同，反应后焦炭的结构强度和显微强度无规律变化和明显差别，如图 6-9 和图 6-10 所示。由此可知，水蒸气浓度增加，对焦炭内部水蒸气浓度梯度并不因此变化，故对焦炭内部气孔结构不会有进一步破坏作用，即反应主要沿焦块表面进行。

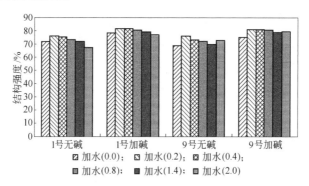

图 6-9　焦炭在不同浓度水蒸气存在下反应后的结构强度[5]

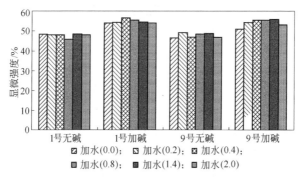

图 6-10　焦炭在不同浓度水蒸气存在下反应后的显微强度

6.3.3.4　对粒度的影响

从表 6-18 得知：粒度随水蒸气量增加，大粒焦减少，小粒

焦增加，平均粒度减小。说明水蒸气浓度增加使焦粒表面反应加
剧。但两种配煤焦炭并无明显差别。

表 6-18　焦炭在水蒸气存在下反应后的粒度组成（%）

配煤序号	碱量	水蒸气量	反应后粒度组成/mm			平均粒度/mm
			25 ~ 20	20 ~ 10	10 ~ 0	
1	0.0	0.0	87.9	8.9	3.2	23.5
		0.2	87.5	8.9	3.6	23.4
		0.4	87.3	8.8	3.9	23.4
		0.8	89.1	7.3	3.6	23.6
		1.4	83	11.9	5.1	22.8
		2.0	85.8	7.6	6.6	22.9
	3.5	0.0	76.0	17.1	6.9	21.9
		0.2	59.9	23.3	6.8	18.8
		0.4	69.8	22.4	7.8	21.2
		0.8	75.0	17.3	7.7	21.7
		1.4	62.1	26.5	11.4	20.1
		2.0	40.4	40.6	19.0	17.1
9	0.0	0.0	88.6	7.6	3.8	23.5
		0.2	89.8	6.3	3.9	23.6
		0.4	83.1	12.8	4.1	22.9
		0.8	83.1	13.0	3.9	22.9
		1.4	77.7	16.0	6.3	22.1
		2.0	81.4	12.2	6.4	22.5
	3.5	0.0	77.9	15.6	6.5	22.1
		0.2	77.7	16.9	5.4	22.2
		0.4	66.8	24.8	8.3	20.8
		0.8	67.7	24.7	7.6	21.0
		1.4	55.3	30.1	14.6	19.1
		2.0	51.2	30.1	18.7	18.3

6.3.3.5 对焦炭显微结构的影响

从图6-11得知：气氛中有水蒸气的条件下，反应后焦炭中 ΣISO 的含量基本上均有一定提高，但水蒸气浓度不同对反应后焦炭中 ΣISO 含量基本上无明显变化。说明水分子进入焦炭内部，但反应并不受系统内水蒸气浓度的影响。

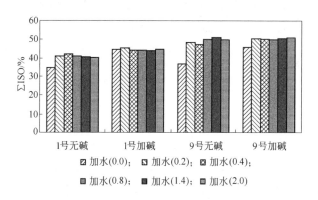

图6-11 焦炭在不同浓度水蒸气存在下反应后显微结构中 ΣISO 变化

由上可知，反应气氛中含有水蒸气对焦炭的劣化影响并不亚于高炉中碱的存在。而且，含碱量对反应性和反应后强度的影响并非直线关系，而不同水蒸气含量对反应性和反应后强度基本上呈线性关系，至少水蒸气含量在2%以下时情况是如此。

6.3.4 试验所得若干规律

6.3.4.1 确定焦炭显微结构与炼焦煤镜质组反射率区间之间对应定量关系的必要性

如前所述，焦炭显微结构与焦炭在高炉中碳溶反应和劣化有密切关系。为将试验所得规律能应用于生产配煤，从而使配煤技术得到进一步提高，为此，必须将焦炭显微结构与煤岩显微组分之间作出定量关系，才有可能转化为配煤技术提高的依托。

6.3.4.2　焦炭显微结构与煤岩显微组分的定性关系

焦炭显微结构中，除痕量（不会影响焦炭质量）的各向异性程度极高的成分是炼焦过程中因煤裂解形成荒煤气经过辗转吸附而后形成以外，其他均为煤中各种有机成分的衍生物。其间的定性关系见表 6-19[6]。

表 6-19　煤岩显微组分和焦炭显微结构之间的关系

煤岩显微组分		衍生的焦炭显微组分	说　　明
镜质组		各向同性、细粒镶嵌、粗粒镶嵌、流动型、片状结构，基础各向异性	这些均为焦炭中主要组成部分，其中各向同性包括在 ΣISO 中
半镜质组		破片	包括在 ΣISO 中
丝质组		类丝炭、破片	包括在 ΣISO 中
壳质组	低变质程度	各向同性	挥发分极高，残留量极少，可忽略不计
	中变质程度	同镜质组衍生物	含量很少

由表 6-19 可知，除了半镜质组和丝质组所衍生的类丝炭和破片对焦炭显微结构组成有一定影响外，决定焦炭质量的主要是煤中镜质组。镜质组的含量在炼焦煤中占绝对优势，而镜质组的质量决定于煤的变质程度，不同变质程度镜质组的反射率分布曲线不同。不同变质程度炼焦煤中镜质组反射率分布规律如图 6-12 所示。

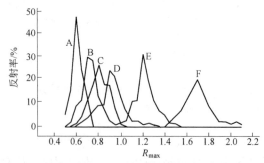

图 6-12　不同变质程度炼焦煤中镜质组的反射率分布规律

A—老万，长焰煤，$\bar{R}_{max}$ =0.63；B—双鸭，气煤，$\bar{R}_{max}$ =0.75；C—鹤岗，1/3 焦煤，$\bar{R}_{max}$ =0.83；
D—范各庄，肥煤，$\bar{R}_{max}$ =0.94；E—介休，焦煤，$\bar{R}_{max}$ =1.25；F—潞安，瘦煤，$\bar{R}_{max}$ =1.73

由半镜质组和丝质组所衍生的破片和类丝炭，在偏光镜下光性均为各向同性，而且在整个炼焦煤系列中半镜质组和丝质组，焦化后衍生的破片、类丝炭均无明显差异。

6.3.4.3 镜质组反射率分布曲线中各段区间与各种焦炭显微结构的对应定量关系

上述煤中镜质组与焦炭显微结构的定性关系，还难以达到实际应用的目的。现以单种煤镜质组的反射率分布图和各种配合煤所得焦炭的显微结构组成为基础资料，首先，计算并画出各配煤的镜质组的反射率分布图，如图 6-13 为一企业 9 次生产配煤中镜质组反射率分布；然后，以曲线与坐标圈成的面积为 100%，按焦炭显微结构中的各向异性程度从低到高的序列，计算各自的比例。按此顺序和比例，依次在反射率分布图上，从低到高切割其面积。这样，就可获得各显微组分的反射率区间。图 6-13 ~ 图 6-21 即为 9 种配合煤镜质组反射率区间与其衍生焦炭各种显微结构之间的定量关系，并归纳于表 6-20 中。由于本试验的煤岩定量和焦炭显微结构定量的操作相当精确，计算得出的 9 项结果十分相近。其中平均值一项达到可应用的水平。平均值与各组数据相差在 0.05% 以内[6]。

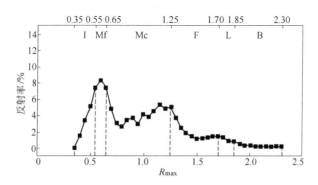

图 6-13 1 号配煤镜质组反射率分布及其与该配煤焦炭
的显微结构组成的关系

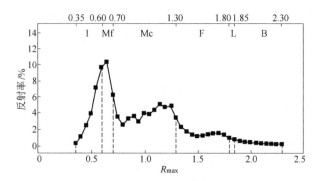

图 6-14　2 号配煤镜质组反射率分布及其与该配煤焦炭
的显微结构组成的关系

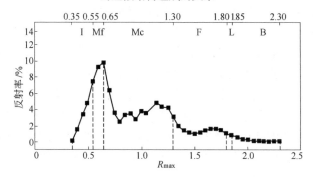

图 6-15　3 号配煤镜质组反射率分布及其与该配煤焦炭
的显微结构组成的关系

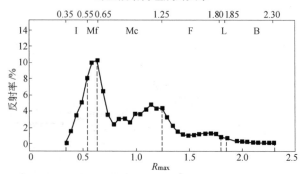

图 6-16　4 号配煤镜质组反射率分布及其与该配煤焦炭
的显微结构组成的关系

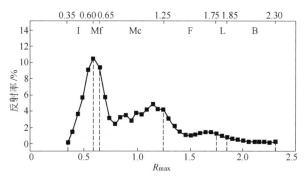

图 6-17　5 号配煤镜质组反射率分布及其与该配煤焦炭
的显微结构组成的关系

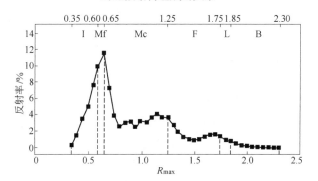

图 6-18　6 号配煤镜质组反射率分布及其与该配煤焦炭
的显微结构组成的关系

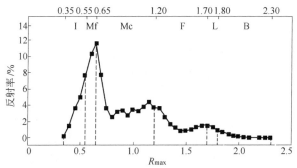

图 6-19　7 号配煤镜质组反射率分布及其与该配煤焦炭
的显微结构组成的关系

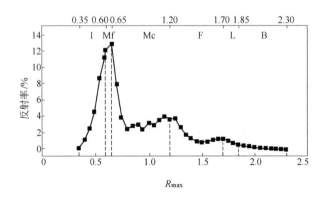

图 6-20　8 号配煤镜质组反射率分布及其与该配煤焦炭
的显微结构组成的关系

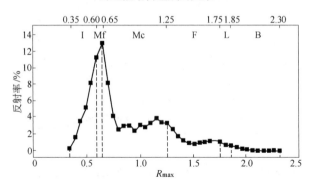

图 6-21　9 号配煤镜质组反射率分布及其与该配煤焦炭
的显微结构组成的关系

I—各向同性；Mf—细粒镶嵌；Mc—粗粒镶嵌；F—流动状；L—叶片状；B—基础各向异性

表 6-20　9 种配煤焦炭显微结构和其相对应
的配煤镜质组反射率范围（%）

显微结构 配煤方案	各向同性	细粒镶嵌	粗粒镶嵌	流动状	叶片状	基础各向异性
1 号	0.35~0.55	0.55~0.65	0.65~1.25	1.25~1.70	1.70~1.85	1.85~2.30
2 号	0.35~0.60	0.60~0.70	0.70~1.30	1.30~1.80	1.80~1.85	1.85~2.30
3 号	0.35~0.55	0.55~0.65	0.65~1.30	1.30~1.80	1.80~1.85	1.85~2.30

显微结构 配煤方案	各向同性	细粒镶嵌	粗粒镶嵌	流动状	叶片状	基础各 向异性
4 号	0.35~0.60	0.60~0.65	0.65~1.25	1.25~1.75	1.75~1.85	1.85~2.30
5 号	0.35~0.55	0.55~0.65	0.65~1.25	1.25~1.80	1.80~1.85	1.85~2.30
6 号	0.35~0.60	0.60~0.65	0.65~1.25	1.25~1.75	1.75~1.85	1.85~2.30
7 号	0.35~0.55	0.55~0.65	0.65~1.20	1.20~1.70	1.70~1.80	1.80~2.30
8 号	0.35~0.60	0.60~0.65	0.65~1.20	1.20~1.70	1.70~1.85	1.85~2.30
9 号	0.35~0.60	0.60~0.65	0.65~1.25	1.25~1.75	1.75~1.85	1.85~2.30
平均值	0.35~0.58	0.58~0.66	0.66~1.25	1.25~1.75	1.75~1.84	1.84~2.30

上述的相互定量关系。充分说明一个企业在各种炼焦生产条件固定下，检测水平稳定在一定水平时，这样的定量关系各生产厂应均是可以得出的。

6.3.5 CaO 和 Fe$_2$O$_3$对焦炭碳溶反应的影响

除实验已反复验证的一价钾、钠氧化物对碳溶反应有正催化作用外，二价和三价元素化合物，如高炉中通常存在的 CaO 和 Fe$_2$O$_3$，已知对碳溶反应也呈正催化作用。为验证其影响的程度，经试验获得的结果见表6-21。

表 6-21 气煤焦、焦煤焦和生产焦炭的加 CaO 和 Fe$_2$O$_3$的高温反应炉试验结果[7]

焦　样	原焦样		加 Fe$_2$O$_3$				
	反应 性/%	反应后 强度/%	加 Fe$_2$O$_3$ 量/%	反应 性/%	增减 量/%	反应后 强度/%	增减 量/%
大屯气煤焦	33.20	60.6	2.5	35.60	+2.40	61.7	+1.1
			5.0	38.96	+5.76	62.0	+1.4
古交焦煤焦	24.02	66.1	2.5	28.60	+4.58	65.0	-1.1
			5.0	30.73	+6.71	66.9	+0.8
生产配煤焦	26.67	69.4	2.5	31.28	+4.61	68.8	-0.6
			5.0	33.77	+7.10	67.2	-2.2

焦　样	加 CaO				
	加 CaO 量/%	反应性/%	增减量/%	反应后强度/%	增减量/%
大屯气煤焦	2.5	34.05	+0.85	61.4	+0.8
	5.0	34.49	+1.29	60.0	-0.6
古交焦煤焦	2.5	25.97	+1.95	67.3	+1.2
	5.0	26.64	+2.62	66.2	+0.1
生产配煤焦	2.5	27.83	+1.16	70.1	+0.7
	5.0	28.98	+2.31	67.6	-1.8

6.3.5.1　反应性

加入 CaO 和 Fe_2O_3，反应性均有不同程度增加。无论加 Fe_2O_3 或 CaO，反应性增加，加 5% 总比加 2.5% 时高；但加 2.5% 或 5%，差距有缩小趋势如图 6-22 所示。

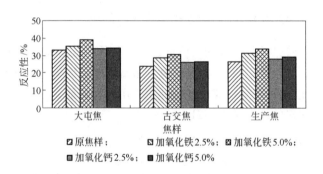

图 6-22　不同焦样加氧化铁、氧化钙反应性变化

6.3.5.2　反应后强度

加入不同量 CaO 和 Fe_2O_3 后，反应后强度增减无规律。这可能是受残存 CaO 和 Fe_2O_3 附着气孔壁的干扰。如果不受干扰，至少不应上升。然而这些加入物附着气孔壁必然是随机的，故不可能显示规律性变化。

6.3.5.3 焦炭显微结构

3 个焦样按大型高温反应炉正常操作所得试验结果见表 6-22。当不加 Fe_2O_3 和 CaO 时，反应后，ΣISO 含量比原焦样的 ΣISO 均有下降，其中尤以大屯焦下降最多。这与大屯煤是低变质程度的气煤，含低反射率镜质组多，故焦炭中各向同性结构多有关。但当焦炭中加入 Fe_2O_3 和 CaO，反应后大屯焦中 ΣISO 含量比原焦样迅速增加，尤其当加 Fe_2O_3 时，反应后 ΣISO 增加幅度更大；值得注意的是中变质程度的古交煤的焦炭，加入 Fe_2O_3 和 CaO 反应后，ΣISO 基本上不显示有明显变化，因为古交煤中不存在低变质程度的镜质组，其焦炭中也不出现各向同性和细粒镶嵌；当对生产焦加 Fe_2O_3 和 CaO 反应后，ΣISO 均有不同程度增加，尤其当加量为 5%，ΣISO 增加更明显。生产焦炭的加 Fe_2O_3 和 CaO 反应后出现的规律与加碱相同。

表 6-22 气煤焦炭、焦煤焦炭、生产焦炭高温反应后显微结构检测结果

焦样 \ 组成	各向同性	细粒镶嵌	粗粒镶嵌	流动状	叶片	类丝+破片	基础各向异性	ΣISO	$\Delta\Sigma ISO$
原样	12.6	35.7	17.9	0.6	0.0	33.2	0.0	45.8	—
反应后	7.8	28.7	28.2	1.3	0.0	34.0	0.0	41.8	−4.0
大屯　加 Fe_2O_3，2.5%	12.0	14.2	22.4	0.8	0.0	50.6	0.0	62.6	+16.8
加 Fe_2O_3，5.0%	12.4	16.6	20.0	1.0	0.0	50.0	0.0	62.4	+16.6
加 CaO，2.5%	6.7	25.8	20.7	1.0	0.0	45.8	0.0	52.5	+6.7
加 CaO，5.0%	6.6	24.4	21.7	0.9	0.0	46.4	0.0	53.0	+7.2
原样	0.0	0.0	52.6	11.7	0.0	34.0	1.7	35.7	—
反应后	0.0	0.0	53.3	12.1	0.0	32.9	1.7	34.6	−1.1
古交　加 Fe_2O_3，2.5%	0.0	0.0	55.4	11.2	0.0	32.0	1.4	33.4	−2.3
加 Fe_2O_3，5.0%	0.0	0.0	56.9	10.2	0.0	32.0	0.9	32.9	−2.8
加 CaO，2.5%	0.0	0.0	48.7	14.6	0.0	35.0	1.7	36.7	+1.0
加 CaO，5.0%	0.0	0.0	50.0	16.5	0.0	32.3	1.2	33.5	−2.2

组　　成 焦　　样		各向 同性	细粒 镶嵌	粗粒 镶嵌	流动状	叶片	类丝 + 破片	基础各 向异性	ΣISO	ΔΣISO
生产 焦	原　样	2.0	2.5	62.3	3.2	0.1	28.8	1.1	31.9	—
	反应后	2.0	2.5	63.2	4.2	0.0	26.9	1.2	30.1	-1.8
	加 Fe₂O₃，2.5%	3.1	0.5	62.5	4.6	0.2	28.9	0.2	32.2	+0.3
	加 Fe₂O₃，5.0%	2.8	1.4	60.3	4.3	0.0	31.0	0.2	34.0	+2.1
	加 CaO，2.5%	2.0	0.7	62.9	4.1	0.2	29.3	0.8	32.1	+0.2
	加 CaO，5.0%	2.8	1.1	58.1	2.6	0.0	34.2	1.2	38.2	+6.3

注：ΣISO 表示各向同性、类丝、破片与基础各向异性之和；△ΣISO 表示与入炉焦
相比 ΣISO 的增量。

6.3.5.4 块度

表 6-23 中的焦炭劣化率 R 是焦炭反应后平均粒径与反应前焦
炭平均粒径之比。R 越小，劣化程度越高。从表 6-23 得出反应后 R
均小于 1。说明焦炭劣化。在焦炭中加 Fe₂O₃ 和 CaO，各为 2.5%
时，R 值略有下降，加 5% 时，则块度明显减小，R 下降幅度增大。这
与对反应性试验结果是基本上相对应的，如图 6-23 所示。

表 6-23 气煤焦炭、焦煤焦炭、生产焦炭高温反应后平均粒径和劣化率

焦　　样		平均粒径/mm	劣化率 R
原样反应后	大　屯	20.60	0.92
	古　交	21.54	0.96
	生产焦	21.12	0.94
加 Fe₂O₃2.5% 反应后	大　屯	20.78	0.92
	古　交	20.83	0.93
	生产焦	21.02	0.93
加 Fe₂O₃5.0% 反应后	大　屯	19.51	0.87
	古　交	20.87	0.93
	生产焦	20.91	0.93
加 CaO 2.5% 反应后	大　屯	20.48	0.91
	古　交	20.87	0.93
	生产焦	20.88	0.93
加 CaO 5.0% 反应后	大　屯	20.00	0.89
	古　交	20.36	0.90
	生产焦	20.56	0.91

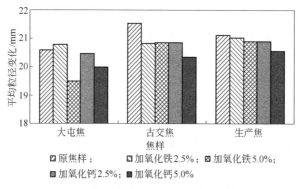

图 6-23 不同焦样加氧化铁、氧化钙平均粒径变化

6.3.6 试验的综合结果对提高配煤技术的启示

试验的综合结果对提高配煤技术的规律和启示如下：

（1）对 9 种不同变质程度煤所形成的对应焦炭显微结构规律是：随着煤的变质程度提高，各向同性结构逐步减少，各向异性结构逐步增多，并且随着变质程度提高各向异性结构的光学结构单元增大，各向异性程度增强；从 9 组配煤及其焦炭得出了镜质组反射率分布区间与对应焦炭显微结构的定量关系。

（2）单种煤所得焦炭在高温下，CO_2 对其碳溶损反应强弱的规律是：低变质程度煤所得焦炭的反应性比较高变质程度煤所得焦炭的高；ΣISO（各向同性、破片、类丝炭之和）比各向异性结构易于反应。

（3）在有碱负荷下，不同变质程度煤所得焦炭的碳溶损规律，与无碱条件下相反，即低变质程度煤所得焦炭由于碱的存在，反应性提高的幅度低于较高变质程度煤所得焦炭，由此，使二者反应性值趋于相近；有碱存在条件下，焦炭中 ΣISO 比各向异性结构的碳溶反应速率低。

（4）强黏结性煤含量为 37% ~ 53% 的 9 种配煤焦炭在不同碱负荷下的高温反应炉试验得出：反应性随含碱量提高而提高，

但并非线性上升；含碱量大致在 2% ~ 3% 之间为其选择性反应交点时的含碱量；当 CO_2 中加入 0.0% ~ 2.0% 6 个不同水平水蒸气含量时，无论焦炭中加碱或不加碱，反应性均呈线性上升。

(5) 由上述四项规律获得新配煤方法的启示：1) 从单种煤镜质组反射率分布曲线计算各反射率区间的面积，从而可得出由镜质组衍生的焦炭显微结构的组成。2) 按其各自在配煤中的含量，再计算配煤焦炭的镜质组衍生的显微结构组成。3) 从煤中半镜质组和丝质组含量估算破片和类丝炭。这样，即可得到配煤焦炭的显微结构组成。如果备煤和炼焦工艺条件固定，则从煤的上述参数就可用回归分析来预测所要求的焦炭质量指标，如冷强度，反应性等。因为归根结底，备煤和炼焦工艺固定条件下，焦炭质量决定于配煤质量；焦炭除灰分，硫分外的其他质量均决定于炼焦配煤所衍生的各种焦炭显微结构组成。

附：本章试验中所用测试方法

(1) 试样制备：经高温反应炉反应后焦样均取大于 10mm 的焦粒，按各检测项目对试验的要求制样，对在镜下检测的项目，按要求制成块光片或粉光片。煤和入炉焦按各项目规定要求制样。

(2) 反应性：将 (1000 ± 0.5) g，20 ~ 25mm 粒度的焦样，放在反应管的恒温区，保护气用 N_2，反应气用 CO_2，在升温条件下测定其焦样的反应性。对反应后的焦样，称重并按下式计算其反应性

[(1000 - 反应后质量)/1000] × 100。

(3) I 转鼓强度：1) 对反应后焦样：反应后焦样先测定粒度组成，再按比例缩分出 200g - 200g × 反应性% 重的焦炭放入长 700mm，直径 130mm 的转鼓内，以 20r/min 转速转 600r，最后计算大于 10mm 焦样的质量，按下式计算反应后强度：反应后强度 = [I 转鼓处理后大于 10mm 焦样 (g)/入鼓焦样 (g)] × 100。2) 对未反应的原焦样：将制成粒径为 20 ~ 25mm 的 200g

试样放置在长700mm，直径130mm的转鼓内，以20r/min转速转600r，最后计算大于10mm焦粒占总试样的质量分数。

（4）结构强度：同前一章。

（5）显微强度：同前一章。

（6）焦炭显微结构：同前一章。

（7）其他检测项目均按国家标准进行。

参 考 文 献

1. 白瑞成，徐君，奚白，周师庸等. 高温反应炉研制与验证. 燃料与化工，1997，7

2　西澈等. 铁和钢（日本），1987，73：1869～1876

3　Zhou Shiyong. Study on the Behavior of Coke in the Blast Furnace with Oxygen-rich Coal Injection. 3rd International coke making congress, Proceedings, 1996，11～19

4　周师庸，吴信慈等. 焦炭在富氧喷吹煤粉下在高炉内行径的研究. 燃料与化工，1998，29（5）

5　周师庸，吴信慈等. 富氧喷吹条件下高炉内焦炭显微结构的研究. 钢铁，1998，32（8）：1～5

6　周师庸. 优化配煤，提高焦炭质量. 钢铁，2000，9

7 焦炭质量指标模拟性和炼焦煤质量指标再认识

任何物质的质量指标优劣评定应根据其在应用时是否有充分的模拟性和其在应用中的效果。高炉焦炭质量指标是应用在先，制定指标在后。焦炭在高炉中动态的逐渐了解，是长期大量的从各方面研究的结果所导致的。尽管历经艰辛所得的认识，应用于生产并见到应有效果的还极为罕见。但据上所述，目前至少已有条件探讨现行高炉焦炭某些质量指标对焦炭在高炉中劣化的模拟性和它们不够完善所在，以及进一步改善的可能。

7.1 现行焦炭质量指标对其在高炉中劣化过程模拟性的分析

本章所述现行焦炭质量指标主要指抗裂强度 $M40$（或 $M25$），耐磨强度 $M10$，国标反应性 CRI 及反应后强度 CSR。以下就上述四项指标对焦炭在高炉中劣化的模拟性加以分析和讨论。

7.1.1 抗裂强度 $M40$ 和耐磨强度 $M10$

用各种不同规格的转鼓，规定以不同的操作方法来测试焦炭的冷态强度已有很长的历史。最初对高炉内详情不太了解的时候，对焦炭质量的要求，只能用转鼓转若干转后，然后视其破碎程度作为焦炭质量指标。转鼓对焦炭破坏的物理性质非常复杂，包括几何破坏，变形破坏和磨损破坏。尽管各国所采用的转鼓的规格不同，操作也各不相同，但基本原理是相同的。现在生产上通用的转鼓试验是米库转鼓试验，得出的指标是 $M40$ 和 $M10$。现国标虽已将 $M40$ 改为 $M25$，$M40$ 和 $M25$ 均为标志焦炭抗裂强度的指标。由于目前生产仍习惯用 $M40$，为便于讨论，以下仍讨论 $M40$。

7.1.1.1　抗裂强度 $M40$

按米库转鼓试验操作过程，所得出的 $M40$，它应是标志焦块的冷态抗裂强度，如图 7-1 所示，它主要与焦炭的裂纹率有关。$M40$ 对焦块从高炉料钟落下到料柱上面和落下后再承受下批原料落下时的冲击，以及焦块在块状带阶段承受的压力具有一定的模拟性。如果焦块没有裂纹和结构上的缺陷（见图 7-2 和图 7-3），经转鼓试验，焦块不会开裂。所以 $M40$ 在块状带有一定的模拟性。然而，近 30 年来，各国高炉解剖的结果也表明，焦炭自炉顶经块状带，焦炭块度减小很少，仅为其平均直径的 5%[1]，在此部位矿石与焦炭分层清晰。这说明，熄焦后的焦炭几经转运，消除了宏观裂纹，进入高炉后，焦炭不因受冲击或受压而碎裂，否则，焦块直径不应只减少 5%。这里所显示焦炭块度的减小，主要是由于焦炭在高炉软融带以上，由于焦块受压和焦炭与炉壁、焦炭与焦炭、焦炭与矿石之间的摩擦、挤压等原因所致，也说明这些原因对焦炭块度减小的影响也很小。一般焦炭到炉腰以下才逐渐变小，特别是接近风口回旋区时，焦块迅速减小。

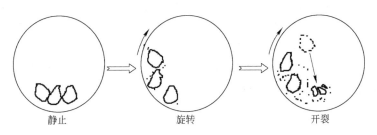

静止　　　　　　　　旋转　　　　　　　　开裂

图 7-1　焦炭在转鼓转动时开裂和磨损示意图

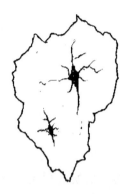

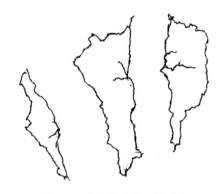

图 7-2　大颗粒惰性物质在
焦块中形成的、以其为中心
的放射形显微裂纹

图 7-3　受外力后沿显微裂纹
形成若干小焦块

　　杨永宜[2]曾对焦炭在高炉中耐压强度，用杨森公式对日本大分厂一高炉（4185m³）进行计算，得出高炉内焦炭承受的最大压力为 0.0735MPa（0.735kg/cm²）。即使在开炉前，炉内没有气流存在，焦炭所承受最大压力也只有 0.130MPa（1.30 kg/cm²）。目前，冶金焦耐压强度一般都在 5 ~ 6MPa（50 ~ 60kg/cm²），远高于上述计算值。所以，以上共同说明，经块状带，焦块平均直径变化很小，而且变化的原因主要来自磨损，不是由于开裂。这说明一般焦炭的 $M40$ 指标应都能满足焦块经历块状带的要求。对的焦化厂生产的焦炭，可能还很有余度。但经块状带以后，焦块要经历碳溶反应和越来越高温度的热作用，按 $M40$ 的检测方法，就不会再有模拟之处。目前，焦炭在进入高炉前即使不经整粒，历经转运，宏观裂纹也已基本消失。今后如将入炉焦块度进一步减小后，入炉焦的宏观裂纹存在的可能性更小。因此，无论 $M40$ 或 $M25$，对高炉实际生产均不能起有效的焦炭劣化的模拟作用。

7.1.1.2　耐磨强度 $M10$

　　按米库转鼓操作过程中 $M10$ 的产生，它应标志焦炭的耐磨强度。它主要应与焦炭的气孔壁厚度和焦质强度有关。测试中磨损源于焦块之间、焦块和鼓壁之间的磨损。它对焦块处于高炉块状带阶段，焦块与焦块、焦块与矿石、焦块与炉壁之间，在自上而下移动中的磨损有良好的模拟性。至于焦块行至块状带底部，温度超过850℃，并已接触到碱循环区的边缘，已开始发生微弱的碳溶反应，此反应会使焦块表层的气孔变大、孔壁变薄，如图7-4所示。故此后，$M10$ 就会逐渐失去其模拟性。

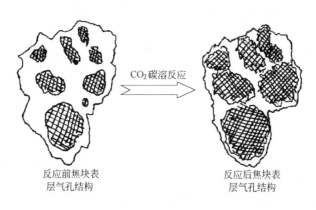

图 7-4　碳溶反应对焦块表层结构影响

从以上分析可知，提出 $M40$ 和 $M10$ 时，估计当时对焦炭在高炉中行为并不会很了解。人们对焦炭在高炉中行为真正清楚的了解应是在大量大小高炉解剖之后。而在此之前，所提出的焦炭转鼓指标，是无法考虑其对焦炭在高炉内劣化的模拟性的。由此可知，对 $M40$ 和 $M10$ 规定的应用范围也应认为是缺乏严格科学依据的。正因为如此，有时往往会对 $M40$ 和 $M10$ 提出尽可能高的要求，这是可以理解的，但这样显然对炼焦煤资源的合理利用是不利的。

就 $M40$ 与 $M10$ 两者相比较而言，$M10$ 应比 $M40$ 较有实际意义。英国钢铁公司曾将高炉入炉焦和风口焦平均直径之比作为焦炭块度减小率 R，得出 $M40$ 与上述焦炭块度减小率 R 无明显关系；$M10$ 与 R 之间关系也只是大致 R 随 $M10$ 提高而增大，但离散度甚大[3]。这与近几年来我国有些企业反映焦炭的 $M10$ 指标对高炉生产比 $M40$ 灵敏些的说法是相吻合的。

总之，$M40$ 和 $M10$ 对焦炭处于高炉块状带的劣化是具有一定的模拟性的，但块状带不是焦炭在高炉中劣化的主要部位。至于焦炭进入软融带以后，$M40$ 和 $M10$ 对焦炭的劣化几乎失去模拟性。因为温度处于 900～1300℃ 的软融带，不但 CO_2 浓度高，且富集循环碱，焦炭处在此部位进行着剧烈的碳溶反应，此处焦块中的碳会失去 30%～40%，从而使焦炭表层的气孔增大，气孔壁变薄，焦炭结构疏松，稍受挤压和摩擦，表层即成无数细粒[4]，如图 7-4 所示。此时的焦炭与冷态时检测所得的 $M40$ 和 $M10$ 显然难以再具有模拟性。

目前，不论高炉容积多大，均要求 $M40$ 尽量高，$M10$ 尽量低是缺少依据的。国外对此，也未见有明确的规定。西欧，除英国外，$M40$ 至少 80，$M10$ 低于 8，有的甚至低于 7。这是与欧洲炼焦煤资源条件有关。又如美国对焦炭不用米库转鼓，据资料报道：美国矿务局曾对 13 个美国焦化厂的高炉焦炭作米库姆转鼓试验，结果得出 $M40$ 为 62.5～76，平均 71；$M10$ 为 10.3～7.3，平均 8.5。以上可说明：过分要求 $M40$、$M10$ 没有必要，徒然提高了焦炭原料成本，浪费了有限的中变质程度、强黏结性煤。

7.1.2 国标反应性 CRI 和反应后强度 CSR

7.1.2.1 从 CRI 和 CSR 的测试条件评述其模拟性

反应性 CRI 的主要测定条件是：取直径 20mm 焦块 200g，放入已升温到 1100℃ 筒形金属容器，通 100% 纯度的 CO_2 气体，反应 2h，其失重率即为 CRI；反应后焦块在特制转鼓中经一定转数后，测定大于 10mm 焦块的比率，即为反应后强度 CSR。此法最初由日本首先提出，提出后受到炼焦和炼铁界的普遍关注和迅速推广应用。显然，CRI 和 CSR 的测试方法的设计思想比 $M40$、

$M10$ 前进了一大步。可以看出，CRI 和 CSR 的设计者当时是力图模拟焦炭在高炉中碳溶反应条件。据资料报道：日本新日铁、广畑、大分钢厂对各高炉焦炭的冷强度和反应后强度均进行在线控制管理。但这样做，是否能正确体现焦炭在高炉内动态，日本学者已对此提出疑问，认为有待进一步研究。然而随着科学技术进展，得知该指标设计的预期目的与实际情况确仍存在距离。

7.1.2.2 高炉中循环碱的存在，使各种焦炭显微结构的 CRI 反应速度序列逆转

以目前人们对焦炭在高炉中碳溶反应条件的了解，CRI 的模拟性还存在诸多不足之处，诸如高炉中碳溶反应的温度大致在 $900 \sim 1300 ℃$，而不是 $1100 ℃$；高炉内不同温度区域的 CO_2 浓度差别甚大，而不是 $100\% CO_2$；焦炭在高炉中各温度区升温速度也不尽相同。但这些只能说明 CRI 只是相对值而已，尚不影响其作为焦炭质量指标。重要的是 CRI 的测定是在无碱的条件下测定的，而在生产高炉中，即使原料中含碱量极低，经过一段时间生产后，由于碱在高炉中会逐渐积聚，直到达到一定量后，高炉循环碱达到平衡时，超量的碱才逐渐随炉渣排出。实际上，高炉生产一定时期后，高炉内都必然会保持一定的循环碱量。而高炉内循环碱的存在足以使 CO_2 对焦炭显微结构的反应速度序列逆转。这已为鞍山科技大学与国内若干大型钢铁企业合作的系统研究中重复得到证实[5]。由此可知：CRI 和 CSR 对焦炭在高炉中碳溶反应的模拟性并不理想。因为在有碱的条件下，所有焦炭显微结构的反应性均明显增大，但是无碱时反应性高的显微结构 ΣISO 的反应性在有碱时，增加幅度小，而无碱时反应性低的光学各向异性的成分的反应性在有碱时增加的幅度大。其结果是：在有一定量碱存在下，所有焦炭显微结构的反应性差别明显的大大缩小。有时甚至反应序列竟与无碱时反应序列逆转。

7.1.2.3　现行的 CRI 和 CSR 有可能会对焦炭质量优劣形成误导，并成为对稀缺强黏结性煤的不合理配用的依据

　　按上述研究结果的分析，如果进一步联系到炼焦煤种的合理利用，就会涉及一个非常有实际意义的问题。这就是说以各向同性显微结构为主要成分的、由低变质程度气煤类煤所炼制的焦炭和以各向异性显微结构为主要成分的、由中变质程度肥煤、焦煤所炼制的焦炭，用国标测得的 CRI 和 CSR 值一般相差十分明显，然而在有碱存在下测得的 CRI 和 CSR，两者差别却大大缩小。这就是说，我们目前十分重视的国标 CRI 和 CSR 指标的优劣差别的顺序，对焦炭在实际高炉生产中所显示的优劣程度的顺序并不一致，有时甚至可能是逆转的顺序。这样不但误导了人们对焦炭质量优劣的正确认识，而且还会成为多配用稀缺中变质程度、强黏结性煤的依据[7]。

7.1.3　对恰当掌握现行焦炭质量指标的建议

　　焦炭质量指标的正确评定和进一步完善历来困难大、进展慢，其中重要原因之一是炼焦和炼铁两个专业相互渗透不够、交流不够、支持不够、合作不够。可能国际上已意识到这一点，因此 1996 年 9 月出现了前所未有的现象，即第三届国际炼焦会议和第三届欧洲炼铁会议在比利时 Geht 同时召开，第一天是两个专业合起来的大会，部分的炼焦专业论文同时收集在炼铁会议的论文集中。炼焦专业没有炼铁专业的支持、理解和合作，进行某些深层次的工作是会相当困难的，特别是关于焦炭质量指标的建立、修正、完善方面的工作。同样，炼焦工作者了解高炉方面的知识也十分有利于本专业工作的进一步深入和做到有实效地为炼铁服务。

　　综合以上对焦炭的 $M40$、$M10$、CRI 和 CSR 的讨论，对这些目前已习惯用的指标是否应持下述态度[8,9]：

　　（1）由于 $M40$ 仅能模拟焦炭进入高炉料柱表面和下批原料

入炉时的撞击力，以及在块状带时承受的原料压力导致焦炭劣化，而众多试验表明，这些因素导致焦炭碎裂的程度不明显，即对焦炭这方面质量的要求并不高。目前焦炭的 $M40$ 的一般水平可满足此项要求。至于在高炉块状带以下，$M40$ 几乎不再有模拟之处。故如确认进高炉时焦块不存在裂纹，则对 $M40$ 指标是否不需提出过高要求。只是对不同容积的高炉可以从生产试验实践中规定 $M40$ 不同的应用范围就可以了。

（2）$M10$ 可以模拟处于块状带时的耐磨情况。但进入软融带前后，开始有选择性的碳溶反应，焦炭表面结构逐渐受到破坏，$M10$ 指标就逐渐失去其模拟性。对 $M10$ 应持慎重态度，一方面继续用实验室模拟高炉试验，进一步验证其模拟程度；另一方面依据高炉生产资料用科学方法发掘其实际相关程度。但 $M10$ 不宜认为越低越好。与 $M40$ 一样，对不同容积的高炉，应对其规定不同的应用范围。

作者并不主张可以放弃 $M40$、$M10$，只是认为对 $M40$ 并不需要越高越好，$M10$ 越低越好。因为这样做，企业势必要承担焦炭原料的过高成本；对国家，则难以恰如其分地来保护有限的地下资源。所以，认为应该在各方认同上述概念的前提下，使配煤技术得到进一步完善，焦炭质量指标可以进一步补充和完善[11]。

（3）CRI 和 CSR 对 2000m^3 以上高炉，各国、各厂所规定的应用范围并不统一，有的相互差别较大，所有规定也未见提出确凿根据。这些可能都是在一定经验基础上，不留余地估计炼焦可达到的最佳的资源条件，再加上充分的保险系数等情况下确定下来的。因为即使是经验性的，也未找到公布有确凿的经验性的依据。为今之计，实在非常有必要在一个具备条件的企业进一步用生产试验来验证上述高炉焦炭质量的新概念，然后，首先用于生产。待积累生产数据并总结后，再修改这两个指标的操作规程和确定各厂高炉生产的适用范围。然后，进一步推广应用。今后测定反应性和反应后强度方法中必须考虑对高炉中实际存在的循环碱，作出相应的模拟条件。建议应在焦样中均匀加入 2% ~ 3%

的 K_2CO_3。

7.1.4   传统配煤技术概念更新的必要性

对焦炭质量指标认识的深化必然会涉及配煤技术概念的更新[10]，并要求炼焦和炼铁两个专业牵手合作。由于高炉内部的动态长期以来缺乏有深度的洞悉，炼铁对焦炭的要求也随之难以找到科学依据。以往各种转鼓试验大概就是在这样朦胧的背景下提出来的。由于焦炭质量指标缺乏足够的模拟性，为了保证高炉生产的顺行，尽量把已定的焦炭质量指标提到炼焦工作者可能做到的最高水平，这是完全可理解的。然而，科学技术发展至今，对焦炭在高炉中行径的了解远非昔比，应该有条件作进一步探讨，以期有所改观。

在以上对 $M40$、$M10$、CRI 和 CSR 的讨论中，实际上已涉及了炼焦煤资源合理利用的问题。因为传统的配煤技术中所谓高质量的高炉焦炭，只是要求 $M40$ 高、$M10$ 低；CRI 低、CSR 高。要制造这样的焦炭，采用目前大量建成的箱式现代焦炉炼焦必须配用50%以上稀缺的中变质程度、强黏结性肥煤和焦煤（此类煤占炼焦煤储量近30%左右）。由这些煤炼成的焦炭，其所衍生的焦炭显微结构在光学上各向异性占绝对优势，即在碱存在下的反应性也仍是高的。相反，配煤中配用大量储量丰富的低变质程度、弱黏结性的气煤类煤（此类煤占炼焦煤储量60%以上），其所制成的焦炭含有大量抗高温碱侵蚀性能良好的各向同性结构[6]。这就是说，按照上述讨论的观点和近年的研究结果，配煤中配用气煤类煤尽量多，所得焦炭只要保持一定 $M40$、$M10$ 值和保持有碱和无碱时测定结果相近的 CRI 和 CSR 值，就会达到既能保证高炉顺行，又能达到多用气煤类煤的目的。关键在于保持 $M40$、$M10$ 什么样水平最合理和确定在有碱条件下测定的 CRI 和 CSR 值的最佳范围。对此，各企业的不同容积高炉可能不会相同。这应是今后进一步的工作内容。

上述对现行焦炭质量指标中 $M40$、$M10$、CRI 和 CSR 的讨论内容在近年来文献跟踪检索中并没有发现过类似内容和研究结果的报道。说明所提出的问题具有国际性。正是由于国外没有出现相似的研究结果和认同的观点，这一方面说明我们的研究结果可能有一定的创新性和超前性，同时，也因此使从事研究工作者欲再进一步工作遇到诸多困难。这也正是作者撰写本书的主要初衷，即目的在于获得本书广大读者和炼焦、炼铁两个专业专家、领导的关注、理解和支持，使科研成果能为企业进一步创造更大的经济效益，和为国家创造更大的社会效益。

7.2 炼焦煤质量指标可信程度的掌握和有效运用

在备煤和炼焦工艺条件稳定的情况下，装炉煤料的质量是保证焦炭质量达到所要求水平的唯一重要因素。评定装炉煤质量优劣，操作起来，实际上是对一大堆煤质指标应处于何种水平的认识。因此，在正确理解焦炭质量指标涵义的基础上，要达到所要求的焦炭的质量，首先，是对众多煤质指标的可信程度的掌握，才能有效的运用。对此，在本书第一、二两章已详述。为引起重视和关注，约略概括如下：

炼焦煤的变质程度指标是决定炼焦煤性质的第一个重要指标。重要的是选择标志变质程度最佳的指标，并洞悉它的适用范围和优缺点。

运用炼焦煤的煤岩组成数据时，应注意下述两点。即镜质组含量和组成（反射率分布），以及有机惰性成分总含量，这是正确掌握炼焦煤性质极其重要的指标。对此，不仅要有一定深度的了解，而且能灵活地运用。

对众多炼焦煤的黏结性指标能运用自如的先决条件：

（1）必须比较深入地了解各种指标的优缺点和其适用范围；

（2）必须非常熟悉其中一个黏结性指标，应用时可以它为主，再辅以其他黏结性指标，灵活地应用于生产实践。

7.3 炼焦煤指标和配煤技术仍需进一步完善

尽管煤焦是历史悠久的老专业，长期以来积累并总结出众多的科学规律和生产经验。由于煤的成因和性质在自然界物种中具有罕见的复杂性。因此，在科研和生产实践中仍会出现一些不符合既得规律的现象。现用以下的两个实例说明炼焦煤指标和配煤技术仍需完善的必要性。

7.3.1 可与焦煤互代的气煤

阜康煤和大武口煤在煤分类中既不是同一牌号，也不是相邻牌号的煤，但从实验结果得出却可以在配煤中作较大幅度的互代。

由表 7-1 和表 7-2 得知阜康煤为低灰、低硫的低变质程度炼焦煤。大武口煤为含灰、硫均较高的中变质程度炼焦煤。又从图 7-5 得知，阜康煤的反射率不仅低，且分布区间窄（在 0.4~0.8 之间），峰位高，且落在 0.5 左右的位置，应属典型的低变质程度单种煤；大武口煤的分布区间宽，分布在炼焦煤中间区间 0.7 ~2.0 之间，且峰位模糊，是反射率分布区间相近的两种煤以上的中变质程度混煤。按常规经验配煤，在既定的配煤方案中，这两种变质程度相当悬殊的煤是不能大幅度互代的。如果互代，焦炭质量必然会出现明显变化。然而，阜康煤在既定的配煤方案中，从 15% 以 3% 的算术级数增加到 30% 替代大武口煤，大武口煤从 25% 减到 10%，而其他配合煤配比不变，所得焦炭质量未见明显变化。尤其是最受关注的焦炭含碱 2% 时所得反应后强度和平均粒径，未见明显变化，见表 7-1 ~ 表 7-5。

表 7-1 阜康煤和大武口煤的煤质检测结果比较[12]

煤质指标 煤产地	A_d	V_{daf}	S_{td}	G	x	y
阜　康	8.00	42.12	0.52	85.3	41	14
大武口	11.35	23.46	1.02	75.6	29	17

表 7-2 阜康煤和大武口煤的煤岩显微组分和反射率测定结果比较[12]

煤岩显微组分 产 地	镜质组	半镜质组	丝质组	壳质组	矿 物	ΣI	$\overline{R}_{\max}$
阜 康	75.8	11.6	9.9	0.6	2.1	23.6	0.559
大武口	66.1	19.5	11.6	0.0	2.8	33.9	1.301

表 7-3 配煤方案[12]

配煤方案序号	阜康煤	大武口煤	其他配合煤
1	15	25	60
2	18	22	60
3	21	19	60
4	24	16	60
5	27	13	60
6	30	10	60

表 7-4 6 种配合煤及所得焦炭质量一览表[12]

配煤序号	水 分	灰 分		挥发分		硫	G 值
	M_{ad}	A_d	A_{daf}	V_{ad}	V_{daf}	S_{td}	
1	0.17	13.75	13.77	0.98	1.14	1.01	70
2	0.30	13.88	13.92	1.09	1.27	1.04	74
3	0.25	13.10	13.13	1.41	1.63	0.99	72
4	0.37	15.15	15.21	1.55	1.83	0.97	74
5	0.43	14.67	14.73	1.49	1.76	0.95	74
6	0.33	14.78	14.83	1.60	1.88	0.92	75

配煤序号	焦炭转鼓试验		焦炭筛分组成/%					
	M40	M10	>80	80~60	60~40	40~20	20~10	<10
1	67.6	8.0	41.0	27.2	18.6	6.6	1.6	5.0
2	67.6	8.4	40.8	31.3	13.2	8.4	1.4	4.9
3	69.6	8.0	39.5	22.0	21.5	9.6	1.7	5.7
4	67.6	8.8	38.4	22.5	21.4	10.6	1.8	5.3
5	62.4	9.2	39.6	17.6	22.2	11.0	2.6	7.0
6	60.4	9.6	48.7	16.3	17.2	11.0	2.1	4.7

表 7-5　6 种配合煤所得焦炭大型高温反应炉试验结果[12]

配煤序号	加碱量/%	反应性/%	反应后强度/%	反应后粒度组成/%			平均粒径/mm
				25~20 mm	20~10 mm	<10 mm	
1	原样	—	84.3	—	—	—	—
	0.0	28.4	54.9	79.7	13.1	7.2	20.26
	2.0	43.5	56.3	57.4	27.0	15.6	17.75
2	原样	—	84.6	—	—	—	—
	0.0	31.5	54.4	78.2	14.0	7.8	20.09
	2.0	41.5	55.0	53.2	28.6	18.2	17.17
3	原样	—	84.0	—	—	—	—
	0.0	31.6	55.2	70.4	19.3	10.3	19.25
	2.0	42.5	57.1	62.1	23.8	14.1	18.25
4	原样	—	84.5	—	—	—	—
	0.0	31.9	54.5	75.1	15.8	9.1	19.72
	2.0	44.8	55.5	61.9	23.6	14.5	18.19
5	原样	—	83.1	—	—	—	—
	0.0	32.1	51.4	78.9	11.5	9.6	19.96
	2.0	45.6	55.4	56.7	26.1	17.2	17.53
6	原样	—	83.1	—	—	—	—
	0.0	34.6	47.1	72.9	17.0	10.0	19.46
	2.0	45.7	56.1	61.6	23.4	15.0	18.12

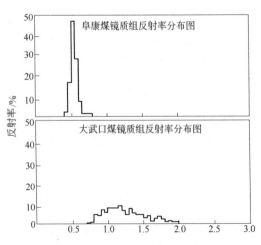

图 7-5　阜康煤和大武口煤镜质组反射率分布对比图

并且，上述试验结果进一步得到生产试验的验证，详见表7-6。

表 7-6 生产试验配煤方案（%）和所得焦炭质量[12]

配煤方案序号	配比/%			焦 炭 质 量			
	阜康	大武口	其他配合煤	M40	M10	Ad	Std
1	10	60	30	80.3	7.4	13.4	0.9
2	15	55	30	80.4	7.5	13.1	0.8
3	20	45	25	80.2	7.5	13.4	0.9
4	22	48	30	80.3	7.4	13.3	0.8
5	25	45	30	80.4	7.5	13.6	0.8

按以往经验配煤，不仅从煤的变质程度相差悬殊不可互代，且从其配煤镜质组反射率分布也不宜互代，如图7-6所示。

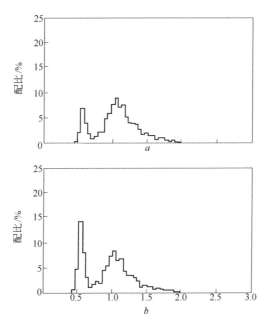

图 7-6 序号 1 和序号 6 配煤方案镜质组反射率分布图

a—配煤 1 镜质组反射率分布图；b—配煤 6 镜质组反射率分布图

按常规如图 7-6 这样的反射率分布，会出现如下的情况，即大量软化点和固化点均较低的镜质组已固化成半焦时，其他变质程度较高煤的镜质组才开始软化。这样，已固化的半焦在其后的成焦过程中起如丝质组一样的惰性成分的作用。然而在反射率分布的前一个峰应是阜康煤的镜质组。它在成焦中的作用肯定不是惰性成分的作用，否则，焦炭强度随着阜康煤大幅度在配煤中增加焦炭强度必然会下降。

再从表 7-7 中得知，由于低变质程度阜康煤在配煤中比例增加，从序号 1 至序号 6 配煤方案所得焦炭中的光学各向同性结构含量也增大。但含碱 2% 焦炭反应后的各向同性结构含量相互间差别却大大缩小。这又一次说明 ΣISO 比各向异性结构有较佳的高温抗碱性能。

表 7-7   序号 1 ~ 6 配煤方案所得焦炭的显微结构组成[12]

配煤序号	加碱量/%	焦炭显微结构组成/%								ΣISO
		各向同性	细粒镶嵌	中粒镶嵌	粗粒镶嵌	流动状	叶片	类丝+破片	基础各向异性	
1	原样	1.6	1.8	58.1	3.1	3.3	0.1	30.8	1.2	32.4
	0.0	1.7	1.4	60.1	2.2	2.4	0.0	30.8	1.4	32.5
	2.0	2.1	1.2	52.8	1.3	2.8	0.0	38.6	1.2	40.7
2	原样	1.0	3.0	55.2	1.8	3.0	0.0	35.2	0.8	36.2
	0.0	1.2	3.0	53.3	1.9	2.4	0.0	37.4	0.8	38.6
	2.0	1.3	5.0	48.5	1.5	2.6	0.0	40.6	0.5	41.9
3	原样	1.2	4.7	54.3	1.8	2.0	0.0	35.0	1.0	36.7
	0.0	0.6	3.6	53.9	1.8	2.3	0.0	37.3	0.5	37.9
	2.0	1.4	5.2	46.2	1.4	1.2	0.0	44.1	0.5	45.5
4	原样	1.0	5.0	51.5	0.9	1.1	0.0	39.7	0.8	40.7
	0.0	0.9	3.6	53.4	2.0	1.8	0.0	37.7	0.6	38.6
	2.0	1.2	5.5	45.4	1.8	1.2	0.0	44.3	0.6	45.5
5	原样	1.5	5.1	51.0	0.7	1.0	0.0	39.9	0.8	41.4
	0.0	1.2	3.9	49.2	2.1	1.4	0.0	40.6	0.6	41.8
	2.0	1.8	6.5	43.2	1.5	1.3	0.0	45.1	0.6	46.9
6	原样	1.3	6.7	50.0	0.5	0.8	0.0	40.0	0.7	41.3
	0.0	1.1	5.7	46.6	1.6	2.0	0.0	42.3	0.7	43.4
	2.0	1.4	8.0	43.0	0.7	1.7	0.0	44.5	0.7	45.9

为什么会出现这样不可互代的煤种却可以互代的反常现象
呢？这可能是由于成煤原始植物和特殊的地质成因条件，使阜康
煤在炼焦过程中，煤粒表面具有与其相同变质程度煤所不具有的
非挥发性液相，使它在炼焦过程中具有与中变质程度炼焦煤近似
的炼焦性质。因此，用它替代30%大武口煤时，焦炭质量仍未
显示明显的劣化。

7.3.2 不能起焦煤作用的焦煤

最初冶金焦原料只是单独的焦煤，它可以单独炼制成冶炼
用的焦炭。由于焦煤资源有限，才逐步发展形成一门独特的配
煤技术。因此，在炼焦煤分类中的焦煤在配煤中理所当然地仍
起主导作用。艾维尔沟煤按炼焦煤分类指标，它属焦煤，见表
7-8，故当时被定为一大型钢铁联合企业的主要供煤基地，并
在附近迅速建成了洗煤厂。但后来逐渐发现它在配煤中根本不
能起焦煤的作用。虽然由它单独炼制成的焦炭的冷态强度
（$M40$：74.1，$M10$：19.3）尚可，见表7-9。然而，反应性
CRI 为 74.1，反应后强度 CSR 为 19.3。这仅勉强相当于属气
煤二号的兖州兴隆庄煤所炼制的焦炭（CRI：66，CSR：
14），见表7-9。因此，对目前大型高炉用的焦炭，艾维尔沟
煤在配煤中，只能配用5%，超过5%，焦炭实际质量明显恶
化。

表 7-8 艾维尔沟煤和兴隆庄煤的煤质指标比较[13]

煤产地	工业分析/%			$a+b$	y	$\overline{R}_{max}$	煤岩显微组成/%				
	A_d	V_d	S				镜质组	半镜质组	丝质组	壳质组	矿物
艾维尔沟	8.00	27.12	0.35	162.5	21.0	1.197	93.3	0.7	4.1	0.0	1.9
兴隆庄	6.39	35.21	0.36	仅收缩	10.0	0.64	59.2	11.7	18.6	6.2	4.4

表 7-9 艾维尔沟煤和兴隆庄煤所得焦炭质量指标比较[13]

项 目 焦 炭	$M40$	$M10$	CRI	CSR
艾维尔沟	74.1	19.3	74.1	19.3
马钢焦炭	—	—	31.4	61.3
兴隆庄	—	—	66.0	14.0

项 目 焦 炭	焦炭显微组成/%									
	各向同性	细粒镶嵌	中粒镶嵌	粗粒镶嵌	流动型	叶片	基础各向异性	类丝炭	破片	矿物
艾维尔沟	0	0.5	2.0	12.5	59.5	18.3	0	5.0	2.2	9.2
马钢焦炭	11.7	43.0	15.0	3.8	1.8	7.1	0	17.6		
兴隆庄	—	—	—	—	—	—	—	—		

对艾维尔沟煤反常现象，主要体现在高的反应性和低的反应后强度，这与通常焦煤焦炭极不符合。因此，曾对艾维尔沟煤炼制的焦炭专门进行过工作，现概述于下：

通常认为影响焦炭反应性的内在因素有三：焦炭显微结构组成，焦块比表面积，焦块中钾钠含量。

（1）焦炭显微结构组成，由表 7-8 得知 $\overline{R}_{max}$ 为 1.197，处于中变质程度，镜质组含量极高，为 93.3%。由表 7-9 可知，由艾维尔沟煤所得焦炭在显微结构组成中的特点是流动型所占比例十分高，达 59.5%，几乎大部分镜质组都衍生成流动型的焦炭显微结构。这是迄今为止，无论单种煤和配煤炼制的焦炭均未曾出现过。一般中变质程度、强黏结性煤的焦炭和冷强度高的冶金焦炭均以中粒镶嵌和粗粒镶嵌为主。因此，反应性不高，反应后强度较高，已如前述。

对流动型焦炭显微结构的特性，H. March 曾指出：在早期用 CO_2 反应而致流动型失重很灵敏。且失重 1%，显微强度即明显下降。光学结构单元之间的结合面是 CO_2 侵蚀的薄弱环节。流动型结合面受 CO_2 侵蚀时，结构破坏是连续的。失重初期就强度下降而导致解体。而镶嵌结构则失重到一定程度才开始解体。因此，艾维尔沟煤焦炭中流动型含量高，对反应性高，反应后强度低应有一定影响。

（2）焦块的比表面积，焦块比表面积与其气孔率，气孔平均直径，气孔壁平均厚度有关。表7-10为用图像分析仪测得的结果，并列以同时期马钢和北焦的生产焦炭的数据，以资比较。艾维尔沟煤按煤分类指标应属焦煤。由主焦煤衍生的焦炭一般应可直接用于高炉，而实际上完全不能，已如前述。从焦块与比表面积有关的气孔率系列指标与北京焦化厂和马鞍山钢铁集团公司的生产焦炭的比较也确存在明显差别。

表 7-10　焦炭气孔率，气孔壁厚和平均气孔直径[14]

焦　样	气孔率/%	气孔壁厚/μm	平均气孔直径/μm
艾维尔沟	74.58	31.56	93.04
北　焦	53.33	41.40	48.28
马　钢	52.98	50.30	56.68

由表7-10得知，作为主焦煤艾维尔沟煤所得焦炭的气孔率和平均气孔直径明显高于北焦和马钢的生产焦炭，而气孔壁厚却又大大小于这两个企业的生产焦。比表面积高，CO_2可反应的面积大，也影响反应性增大。

（3）焦炭中钾、钠含量，从表7-11得知，艾维尔沟煤中的K_2O和Na_2O含量，在炼焦煤中是属于较高的。这对其反应性提高和反应后强度降低均不无影响。已如前述焦炭中的K_2O和Na_2O含量与外在的作用不同。前者对焦炭结构更具破坏性。

表 7-11　艾维尔沟煤中钾钠含量[14]

煤　样	K_2O	Na_2O	煤　　样	K_2O	Na_2O
艾维尔沟原煤	1.85	0.94	艾维尔沟精煤	1.00	1.45

以上工作结果说明，艾维尔沟煤所制成的焦炭反应性高，反应后强度低存在着煤质上的特殊性。上述阜康煤和艾维尔沟煤的

反常现象可能与其成煤原始材料和成因条件的特殊性有关。此应是煤田地质工作者的研究课题，在此不敢妄加评说。

综上所述，显然，现行的煤质指标和配煤技术所总结的种种规律并未概括上述两种煤的成焦行为和其成焦后焦炭质量的应用效果。因此，继续研究煤焦各种规律和进一步完善现有生产经验是必需的。

参 考 文 献

1　傅永宁. 炼焦化学，1982，10~19

2　杨永宜. 钢铁，1979，14：1~8

3　Mataho M，Fukuela M. Ironmaking proceedings，1976，(35)：13

4　周师庸，吴信慈. 金属学会论文，1996，10

5　周师庸，吴信慈等. 富氧喷煤条件下高炉内焦炭显微结构的研究. 钢铁，1997，8：1~5

6　周师庸. 重新评价气煤类煤对焦炭质量的贡献. 钢铁，1997，32 卷增补本：294~297

7　周师庸. 高炉焦炭质量指标探析. 炼铁，2002，21 (6)：22~25

8　周师庸. 大型高炉用焦炭质量指标的选择. 钢铁，1995，30 (8)：1~5

9　周师庸. 探讨现行高炉焦炭质量指标模拟性的积极意义. 钢铁，2000，2

10　周师庸. 从对焦炭在高炉中劣化过程认识的深化探讨现行高炉焦炭质量指标的模拟性和传统配煤技术概念更新的必要性. 2002 年全国炼铁生产技术会议文集，279~283

11　黄永福等. 焦炭质量标准缺陷及改进建议. 2000 年中国金属学会炼焦化学专业委员会论文

12　周师庸，史伟等. 酒钢焦炭抗高温碱侵蚀能力的研究（内部资料）. 2003，12

13　周师庸，陈实. 新疆钢铁公司煤岩配煤研究. 燃料与化工，1985，16(2)：4~13

14　周师庸，付兵. 重新评定新疆艾维尔沟煤矿煤质及其焦炭性质的研究（内部资料）. 1986，4

8 提高和稳定焦炭质量中的若干问题

8.1 关于提高焦炭哪些质量的问题，需进一步统一认识

自从高炉大型化和强调高炉强化操作，以及高炉逐渐普及氧煤喷吹技术以来，需要进一步提高焦炭质量的呼声一浪高过一浪。实际上焦化厂生产的焦炭似乎并没因此而有明显提高。其原因可能是多方面的，但主要原因却是由于不增添某些已在生产上证明有效的备煤新工艺和干熄焦等新技术，单纯依靠调整配煤方案来提高焦炭质量潜力已十分有限。炼铁工作者从来总是要求炼焦工作者做到力所能及的最高质量，即使在高炉大型化前，炼焦工作者已竭尽全力为各自企业寻找优质炼焦煤，使焦炭质量能达到现行焦炭质量指标的最高水平。由于资源条件是相对固定的、有限的，因此，欲从配煤技术提高焦炭质量往往会力不从心。

高炉工作者提出随着高炉技术的发展要提高焦炭质量的理由是充分的，但提高焦炭的哪方面质量，提高焦炭质量中哪些指标，提高到什么程度，除了焦炭的灰、硫含量，其他却是不明确的，也是缺少科学依据的。

实际上，以往所谓提高焦炭质量，主要是指 $M40$，$M10$，CRI（反应性），CSR（反应后强度）。这 4 个指标对焦炭在高炉中劣化的模拟性并不理想已如前述。否则，不仅对高炉生产不会达到预期的效果，而且会使焦炭原料成本提高和浪费稀缺的优质炼焦煤资源。因此，对提高焦炭质量的具体内容，需要进一步统一认识。只有这样，提高焦炭质量工作才会有实效。

　　此外，既然随着高炉生产技术的发展，从理论上确实应进一步提高焦炭质量，而不增加备煤和熄焦等新技术，焦化厂单靠常规配煤，限于资源条件已缺少进一步提高的潜力，而炼焦生产增添新工艺、新技术需要昂贵的投资等相应条件，除了上海宝钢1985年以来率先建成配30%型煤和干熄焦两项新技术，使焦炭质量中不仅上述四项指标在全国领先，而且由于不断开发新的理念，配煤技术也因此达到先进。对此，近期以来，由于环保要求的提高，能源的日益紧张，优质炼焦煤越来越供不应求，以及高炉风口氧煤喷吹技术应用普及的压力等因素，促使许多焦化企业已多方设法欲建新的备煤工艺，如捣固焦炉、配型煤等，特别是干熄焦的国产化、系列化、大型化的兴起，除武钢、济钢从国外引进以外，马钢和通钢已采用国产干熄焦的装备，其他十几家也正在筹划中。然而，长期以来，高炉大型化和高炉风口氧煤喷吹技术在逐渐推广普及，而众多焦化厂的焦炭质量虽难以随主观要求而提高，但却没有因此而阻碍对高炉新技术的推广。这是为什么？作者认为：一是因为现行焦炭质量指标本来缺少其在高炉中劣化的模拟性；二是各厂已达到的焦炭质量对炼焦煤资源条件的利用已达到极至；三是其所生产焦炭的实际质量对其相应高炉而言，可能本来已是过剩的。因此，待到对焦炭实际质量真正要求提高时，不加任何措施，历来生产的焦炭就也能顺利适应。这是炼焦和炼铁两个专业技术发展水平的局限性所造成的现象。要突破这样的局限性，首要的问题是炼焦、炼铁两个专业的领导和技术骨干对此获得共识。然后，才有可能通过大量的试验和生产的积累来改观目前的状况。

　　此外，在正确评定和修正完善焦炭质量指标的同时，还应寻求能标志焦炭在高炉中高温抗碱侵蚀能力的有关指标，例如本书第四章曾提到过的 ΣISO。对此，必须积累大量资料，结合高炉生产中有关指标，用数理统计处理，继而得到其适用范围。然后在生产上试用。要完成这样的工作，需要有国家有关领导部门的大力支持，否则，难度会很大，过程也会很长，也可能永远只能纸上谈兵。但需要有这样考虑，需要这样做。

8.2　关于降低焦炭灰分

由于资源条件，焦炭灰分偏高历来是我国焦炭质量的一个主要问题，特别是容积 $2000m^3$ 以上大高炉使用灰分高的焦炭严重影响高炉技术经济指标。据资料介绍[3]：焦炭中灰分每提高 1%，焦比上升 1%~2%，减产 2% 左右。焦炭中灰分完全来自炼焦装炉煤的灰分。我国炼焦用煤中储量少的中变质程度强黏结性的肥煤、焦煤灰分含量绝大多数都比较高，且难洗选。此类煤在炼焦配煤中用量又较大，一般都占 50% 以上，甚至更高。而同时，低变质程度气煤类煤不但灰分较低，而且易洗选，储量又大。据 2002 年第 91 期简报 "中国炼焦"，我国煤炭储量为 3400 亿 t。其中炼焦煤储量约占 27% 左右，为 918 亿 t。在炼焦煤中，变质程度较低、挥发分较高、黏结性较弱的气煤类煤（包括 1/3 焦煤和气肥煤）占 50.56%；中变质程度、黏结性强的肥煤仅占 13.05%，焦煤仅占 19.61%[1]。鉴于此，由于我国各类炼焦煤资源状况有可能会成为今后炼焦和炼铁发展的瓶颈。多配用气煤类煤不但能降低焦炭灰分，还能缓解钢铁工业持续发展的危机，同时还能使企业获得巨大的综合经济效益，国家获得巨大的社会效益。但众所周知，配煤中多配用气煤类煤后，现行焦炭质量指标中抗裂强度 $M40$（或 $M25$）和反应后强度 CSR 会有所降低，耐磨强度 $M10$ 和反应性 CRI 也会有所升高。这种变化长期以来被认为对高炉顺行和其技术经济指标不利。虽然，长期以来的这种观点完全仅仅是基于缺乏科学依据的所谓经验，却至今影响对炼焦配煤中多配用气煤类煤。尽管对此，近期进行了大量工作，但在生产中应用进展一直不大。

随着各国高炉解剖资料的积累和从不同角度进行各种科研工作的不断深入，相信人们对焦炭在高炉中劣化行径的认识必将越来越具有科学依据，越来越接近客观实际。如果大量基础工作的成果能被普遍接受和认同，从而能进一步应用在生产实际中，那么不但焦炭的灰分能得到降低，还能取得各方面的综合效益。

8.3　关于稳定焦炭质量

高炉生产要求各种炉料质量稳定，这是理所当然的。何况焦炭在高炉炉料中占相当重要的比例和作用。特别在当前富氧喷煤技术逐渐普及和提高喷吹水平条件下，稳定焦炭质量显得更加重要。

在目前备煤和炼焦工艺固定的条件下，决定焦炭质量的唯一重要因素是炼焦煤的性质。而自 20 世纪 90 年代以来，由于各种复杂而一时难以矫正的原因，导致全国焦化厂炼焦煤的供应越来越混乱无序。这其中的主要原因之一是洗煤厂将入洗原煤在入洗前先将两种以上的廉价煤混配成煤质指标达到高价煤的品种，而且每批入洗原煤并不严格按照固定比例混配，使出售的炼焦煤不仅质量不稳定，更严重的是这种先配后洗的煤在焦化厂生产中完全不能起其出售时所标牌号煤的应有作用，使焦化厂无法按历来生产程序和方法来控制焦炭质量。全国许多焦化企业都面临这样的困境。这种先配后洗的洗精煤产品虽绝非始自近期，只是近期变本加厉；其次是多种原因导致目前的无序采掘炼焦煤，使炼焦煤供应点大大增多，供应量大小相差悬殊，各供应点又难以按焦化厂用煤计划供应。而焦化厂原设计的煤场有限，每个煤堆必须比以往堆放更多的煤种，无形中导致同一煤堆中煤的质量差别增大。这也是全国焦化厂普遍面临的境况。以上情况致使焦化厂生产的焦炭不能运用以往经验得到预期质量指标的焦炭，从而导致焦炭质量大幅度波动。这样的焦炭用于高炉冶炼必将影响高炉操作。高炉工作者对此唯一的对策是增加焦比，从而致使炼铁成本增高。对高炉工作者来说，宁愿焦炭质量稳定在波动的下限，也不愿质量大幅度波动。

欲解决以上混煤和煤堆堆放问题，首先，还涉及目前炼焦煤分类指标的问题。目前我国采用的烟煤分类标准以干燥无灰基挥发分 V_{daf} 和黏结指数 G，配合胶质层最大厚度 y 和奥亚膨胀度 b

来进行分类。而这些指标都有各自的优缺点和适应范围,已如第一章所述。按这些指标划分的某一牌号煤有时就可能会导致性质上的不小差别。这样,不同煤源的、属于同一牌号而煤质差别相当大的煤堆在一个煤堆,这肯定不应认为是合理的。同时这样的炼焦煤分类也为某些洗煤厂提供了可乘之机。例如:将两种以上廉价的变质程度高的和低的煤混配成符合炼焦煤分类中主焦煤牌号的指标,以价格较高的主焦煤出售。这样配成的主焦煤在配煤炼焦中当然难以起主焦煤应有的作用。一旦焦化厂将这样的"主焦煤"堆到焦煤堆,使传统的配煤技术运用失去效用。

当然,要修改煤分类是很困难的。长期以来,所形成的煤炭生产部门和使用部门之间的联系较为复杂,大幅度地改变煤分类指标和煤的分类牌号会造成很多困难。而且按目前炼焦煤市场情况,即使采用相对完善的反射率、反射率分布和显微组分组成也不能十分圆满地解决当前存在所有炼焦煤性质问题,详见第一、二两章。但对具体某一焦化企业而言,欲解决焦炭质量稳定问题,还是有望的。现以某厂为稳定焦炭质量所采取的措施和所得效果为例,加以说明。

8.3.1　控制来煤质量[6]

首先要有效控制来煤质量。已如前所述,洗煤厂为追求经济效益,实施将廉价煤先混后洗,使其产品的常规煤分类指标达到按较高价格的炼焦煤品种出售。由此导致焦化厂焦炭质量大幅度波动而竟致无法控制。反射率分布图的特殊功能之一就是可以辨认不同变质程度煤的混煤。因为某个产地的某种煤,其镜质组反射率必然是正态分布,即只有一个峰。如果来煤有两个峰,必然是变质程度不同的两种以上煤配成的混煤。除非所混两种煤的变质程度相同或十分相近(若如此,洗煤厂无利可图,对焦化厂生产也不会产生焦炭质量难以控制的问题,故不可能出现此种情况),否则,其反射率分布图中必然会出现两个以上的正态分布的峰，而且可以判别所混配煤之间性质差异程度和大致配比。采用这种方法后曾发现以下几种情况：

（1）廉价的、低变质程度的气煤和1/3焦煤一般极少是混洗煤，反射率分布均呈正态分布，即只有一个峰。

（2）中变质程度、强黏结性肥煤由于混配廉价煤后，其黏结性指标达不到其分类牌号，因此也极少发现混配现象，也即反射率分布只出现一个峰。

（3）混配煤最集中出现在以焦煤牌号出售的煤中，如图8-1～图8-4所示的为以主焦煤出售的4种混煤反射率分布图。从这些图，很明显可看到反射率分布有两个以上的峰，即两种以上煤的混煤。它们都是用比焦煤价格低的、变质程度比焦煤低的和高的煤混配而成。用常规分析得出的指标，按国家炼焦煤分类，它

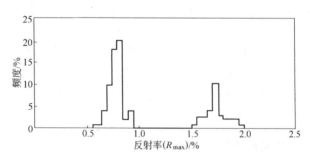

图 8-1　混煤之一反射率分布图

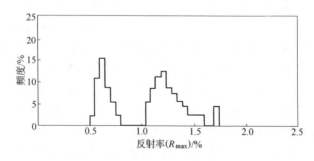

图 8-2　混煤之二反射率分布图

们均属焦煤牌号。由于其是混配成的焦煤，在炼焦配煤中还以焦煤牌号配入，显然，实际上它们完全不能在炼焦中起焦煤的作用，而使焦化厂的配煤技术失去应有的作用，造成所生产焦炭的质量大幅度波动，无法控制。

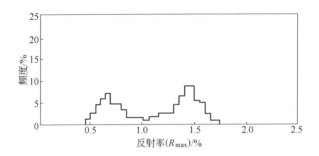

图 8-3 混煤之三反射率分布图

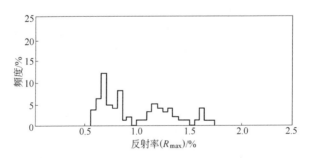

图 8-4 混煤之四反射率分布图

在来煤中发现混配煤后，视具体情况不同，可采取以下两种举措：

（1）对于该类供煤点，如今后不能保证不再混配，就拒绝今后供应炼焦煤。

（2）有些混配煤源由于多种原因，洗煤厂今后既不可能不将入洗原煤混配，而焦化厂今后也不能不用该种煤，则只能在煤场中另行堆放，应用时特殊处理。

8.3.2 煤场合理堆放煤种

如果来煤杜绝混配煤后，而来煤堆放仍不能合理堆放，即不能将性质真正相近的煤堆放在一个煤堆，则焦炭质量仍然不能逐渐稳定到一个较窄的范围。而且往往由于极少数来煤的堆放不合理，会导致全局配煤质量混乱。国内焦化厂也屡屡出现按炼焦煤分类牌号堆放煤堆，并不能使焦炭质量稳定的情况。如果杜绝来煤混配后，仍不能稳定焦炭质量，一般很大程度是由于煤分类的主要指标 Vd 和 y，G 本身有不完善之处所导致的。因此，除参考原有分类指标外，还必须找出一个与配煤炼焦关系密切的指标来作为堆放煤的指标。尽量能选用反射率分布，理由已如前述。方法是：

（1）每堆煤均有一反射率中心值，所有堆放在同一堆的煤，其反射率必须靠近此堆煤反射率的中心值。此值可按该堆煤的主要煤种的 $\overline{R}_{\max}$ 的平均值而定；

（2）一堆煤中，各种煤的反射率分布所围成的面积必须绝大部分重叠，重叠的程度基本上就是炼焦性质相似的程度。

这样考虑的原因：一是镜质组含量在炼焦煤中占绝对优势，而不是惰性组含量占绝对优势。到目前为止，全国焦化厂所用的炼焦洗精煤尚未出现过如后者的情况；二是炼焦煤料中的惰性组单独颗粒与夹在镜质组中的惰性组在炼焦中的作用是十分不同的。因此，很大一部分的惰性组在炼焦中并不起完全惰性颗粒的作用；三是两种煤的反射率分布所围成面积重叠程度，最能显示煤的性质实际相似程度，远优于用其他各种黏结性指标和其他变质程度指标来显示其性质相近的程度。图 8-5 ~ 图 8-13 为 9 个按以上原则堆放的煤堆的各种煤的反射率分布图。

通过上述控制来煤质量和合理堆放煤种两项措施，稳定焦炭质量有明显改进。图 8-14 和图 8-15 分别表示实施此两项措施前后 M40 和 M10 质量稳定明显改善的情况。

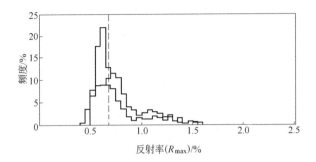

图 8-5　1 号煤堆反射率分布重叠图

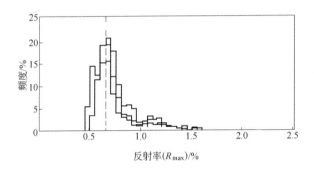

图 8-6　2 号煤堆反射率分布重叠图

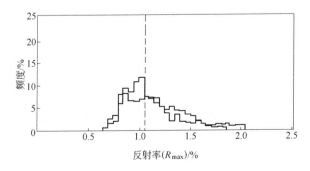

图 8-7　3 号煤堆反射率分布重叠图

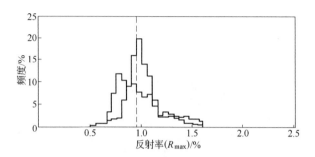

图 8-8　4 号煤堆反射率分布重叠图

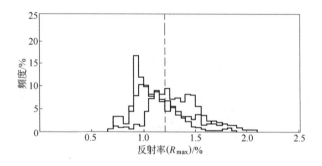

图 8-9　5 号煤堆反射率分布重叠图

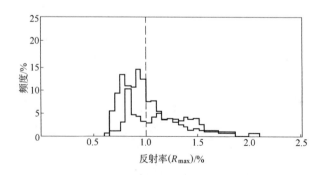

图 8-10　6 号煤堆反射率分布重叠图

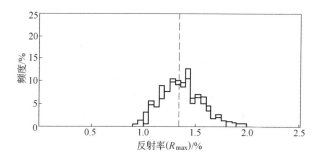

图 8-11   7 号煤堆反射率分布重叠图

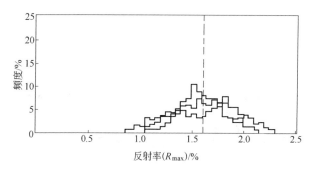

图 8-12   8 号煤堆反射率分布重叠图

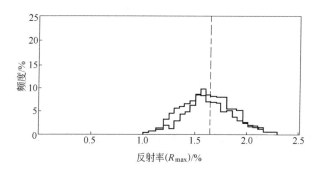

图 8-13   9 号煤堆反射率分布重叠图

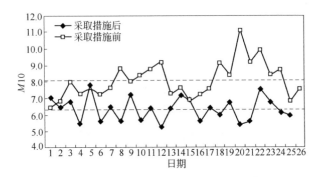

图 8-14　采用措施前与采用措施后焦炭 $M10$ 对比图[6]
（采取措施后，$M10$ 平均值为 6.3，最大值为 7.8，最小值为 5.2，
平均离差为 +0.56，-0.65；采取措施前，$M10$ 平均值为 8.1，
最大值为 11.2，最小值为 0.4，平均离差为 +1.03，-0.81）

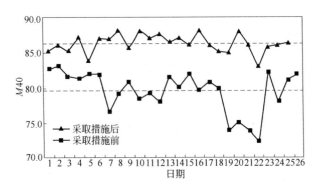

图 8-15　采用措施前与采用措施后焦炭 $M40$ 对比图[6]
（采取措施后，$M40$ 平均值为 86.2，最大值为 88.0，最小值为 83.0，
平均离差为 +1.07，-0.89；采取措施前，$M40$ 平均值为 79.5，
最大值为 83.2，最小值为 72.4，平均离差为 +1.90，-3.02）

8.4　预测焦炭质量技术的原理、方法和效果

　　焦化厂预测焦炭质量的方法基本上是定性的、经验的。一般都是大致考虑一下气煤、1/3 焦煤、肥煤、焦煤、瘦煤的比例，

拟定几个允许选用煤种的配煤方案，观察配合煤的一些指标，如挥发分和 G 值等。慎重一些，再通过不同规格试验小焦炉炼焦实测。最后从几个配煤方案中选用最合适的配煤方案。经验配煤的基础是现行炼焦煤分类。分类指标的不足之处已如前所述，即挥发分主要受煤岩组成不同的干扰，特别是低变质程度炼焦煤；其次是无机矿物数量和种类的干扰。配合煤挥发分对焦炭质量的关系不密切已获公认。配煤的 G 值对焦炭质量有一定的相关性，但离散度相当大。图 8-16、图 8-17 为某焦化厂 1999 年 7 月的配煤 G 值与 $M40$、$M10$ 的回归分析图，可清楚地看到 G 值与 $M40$、$M10$ 相关性很小，线性离散度很大。因此，用配煤的 G 值来控制配合煤质量效果不佳。这其中主要是由于 G 值对整个炼焦系列的煤所规定的测定方法不统一和 G 值本身缺乏可加性有关。

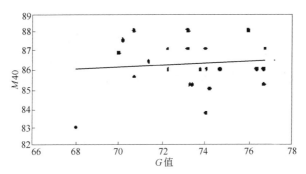

图 8-16　某厂 1999 年 7 月配合煤 G 值与焦炭 $M40$ 回归分析图[6]

$$y = 0.0503x + 82.553；\quad R^2 = 0.0086$$

这样的分类方法，不可能将由于成煤因素十分复杂，性质本来千差万别的煤划分后，使每类煤性质都相同或相似，对配煤技术的作用必然会有一定限度。这就是生产配煤中经常出现不易解释的所谓反常现象的主要原因。同时，以这样现行炼焦煤分类为基础的配煤技术，也不容易进一步加以完善而期望获得满意结果。

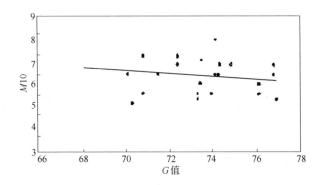

图 8-17   某厂 1999 年 7 月配合煤 G 值与焦炭 $M10$ 回归分析图[6]

$$y = -0.0594x + 10.688 ; \quad R^2 = 0.037$$

8.4.1 预测焦炭质量基本原理

预测焦炭质量是用若干煤质指标，不经实验，能定量地获得焦炭质量中的某些指标。预测焦炭质量的方法很多，但在生产上应用的却不多，其中原因是多方面的，其中最主要的原因可能是目前高炉生产的发展对焦炭质量稳定的要求还没有达到如此严格的程度。

比较成功的预测焦炭质量的科学配煤几乎离不开煤岩学已得到公认。用煤岩学观点和方法来预测焦炭质量指导配煤是应用煤岩学发展中的一项重要任务。凡是论证比较充分、效果比较良好的，几乎很少不与煤岩学发生联系。煤岩配煤的基本原理如下[2,7]：

（1）煤是不均一的物质。自从煤岩学问世以后，就公认煤是一种复杂的有机物质和无机物质混合体。煤中有机物质的性质不同，在配煤中的作用不同。因此，可以说每种煤是天然的配煤。由于天然配煤不按照人的主观愿望配合，故绝大部分煤都不合乎单独炼焦的要求。为便于应用，把煤的有机物质按其在加热过程中能熔融并产生活性键的成分，视作有黏结性的活性成分；加热不能熔融的、不产生活性键的，为没有黏结性的惰性成分。

这种划分完全是根据试验结果得出的，即根据煤在加热过程中变化，用显微镜观察得出的结果。在炼焦煤阶段，镜质组和壳质组是活性成分，丝质组是惰性成分，半镜质组虽介于二者之间，但倾向于惰性成分。

（2）一种煤的活性成分的质量不是均一的，这可用反射率的分布图来解说。活性成分的质量差别可以很大，不但不同变质程度煤差别大，而且即使同一种煤，所含的活性成分的质量也可有相当差别。如果以反射率表示一种煤中所含不同性质的活性成分的组成，则每一种煤的活性成分反射率图都呈正态分布。活性成分的反射率分布图是决定炼焦煤性质的首要指标。

（3）惰性成分与活性成分一样，同是配煤中不可缺少的成分，缺少或过剩都对配煤炼焦不利，都会导致焦炭质量下降。要得到所要求焦炭质量的配煤方案，实际上是不同质量不同数量的活性成分与适量惰性成分的组合。

煤岩配煤与现行煤分类无关。确定一个煤的性质，主要视镜质组反射率，反射率分布和惰性成分含量这3个指标而定。

（4）成焦过程中，煤粒间并不是互相熔融而成为均一的焦块，而是通过煤粒间的界面反应，键合而联结起来成为焦块。炼焦煤隔绝空气炭化所得的焦炭，制成光片在镜下观察，都可以观察到颗粒的界线。这说明炭化过程中的可塑带期间，煤粒间并没有互相熔融成为均匀的物质，而是煤颗粒内外同时并行地发生裂解和缩聚反应。煤颗粒产生的分解产物沿着煤粒的接触表面相互扩散，经进一步缩聚作用而形成焦块。因此，散装煤的黏结，只是颗粒间接触表面的结合。

8.4.2 预测焦炭质量方法的实质

预测焦炭质量是将定性的经验配煤所积累的数据用图解方式将欲预测的焦炭质量指标量化。一般所得出的图解或公式只适用于提供基础资料的焦化厂，而不能用于其他单位。预测焦炭质量指标的应变量必须以相应配煤质量指标作为自变量。特别应该提出的是"相应"两字。否则，预测正确与否均无意义。因此，并不是每个焦化厂都具备预测焦炭质量条件的[5,8]。

8.4.3 预测焦炭质量效果

用以上煤岩学观点和方法形成的基本原理进行焦炭质量预测，具有以下效果[4,5]：

（1）稳定焦炭质量，预测焦炭质量的首要功能是稳定焦炭质量，使所生产的焦炭质量的有效指标波动在尽可能窄的范围内。

（2）物尽其用，用煤岩学观点和方法进行配煤将以往认为有害的有机惰性成分成为配煤中不可缺少的成分，所以可以达到物尽其用，使炼焦煤资源达到合理利用。

（3）降低焦炭成本，用煤岩学观点和方法进行预测焦炭质量，无论采取何种具体方法，均会达到物尽其用，例如：有机惰性物质被视作只要数量和粒度合适，它在配煤中不但不是有害物质，而且是增加块度，增厚气孔壁厚度所必需的成分；又例如低变质程度、弱黏煤，它本身是一混合物，其中有黏结性良好的成分，只要其他成分配伍得当，同样是配煤中需要的成分。因此，各种炼焦煤中不同煤岩显微组分，由于做到了物尽其用，结果必然会降低焦炭的原料成本。

8.4.4 预测焦炭质量当前存在的问题和初步对策

在生产上要实施预测焦炭质量，目前尚有一些一时不易解决的问题：

（1）预测焦炭质量的前提，必须已经解决来煤质量稳定和煤场中每堆煤的质量，必须是相当接近的；

（2）目前，各大焦化厂几乎不可避免地采用一种以上的不同牌号煤的混配煤，这种情况一时难以扭转。这对预测焦炭质量的效果会大受影响。

（3）煤岩组成、反射率及反射率分布测定速度目前还难以适应煤质变化的频繁速度。对于一个具体的焦化厂可采用如下权宜之计：选定一个高炉认可的配煤方案，并根据其各单种煤的反射率分布和煤岩组成，计算基准配煤方案的反射率分布和ΣI。如要改变配煤方案，同样将其作反射率分布图和计算ΣI，并与基准配煤方案的这两项资料作比较，如不合要求可稍作调整，即可使焦炭质量接近基准配煤方案的焦炭质量。即使因具体条件不具备，不能达到主观要求，则事先也能得知将出现焦炭质量的不足之处。

参 考 文 献

1　董海．冶金部焦化专家座谈会资料，1994，8

2　周师庸．煤岩配煤及其应用．炼焦化学，1981，2：2~12

3　郑文华，张晓光．焦炭质量的供需差距及提高焦炭质量途径．钢铁，2001，3

4　周师庸．煤岩学在煤化工中的地位和应用．煤田地质和勘探，1996，24（133）：25~28

5　周师庸，陈实等．新疆钢铁公司煤岩配煤研究．煤料与化工，1985，2：4~13

6　燕瑞华，周师庸等．镜质组反射率分布在配煤炼焦中的应用．燃料与化工，2001，32（234）：227~229

7　周师庸．应用煤岩学．北京：冶金工业出版社，1985

8　周师庸，付兵．酒钢焦炭质量预测方法的研究（内部资料）．1986，11

9 炼焦煤和高炉焦炭现状，对科研工作提出的任务

9.1 近年来与煤焦领域有关的产销现状[1,2]

炼焦煤和高炉焦炭是整个冶金生产链中起始环节的重要一环。因此，它们的存在和发展与整个冶金行业的兴衰密切相关。2002 年和 2003 年以来与煤焦有关行业的产销概况见表 9-1、表 9-2。

表 9-1 2003 年和 2002 年铁、钢、材产量比较

项　　目	2002 年/万 t	2003 年/万 t	增量/万 t	增产率/%
铁产量	17079.20	21366.68	4287.48	25.1
钢产量	18224.89	22233.60	4008.71	22.0
产成品钢材产量	19250.06	24108.01	4857.95	25.24

表 9-2 2002 年和 2003 年进出口情况

项　　目	2002 年/万 t	2003 年/万 t	增量/万 t	增产率/%
国内市场钢材表观消费量	19721.62	24725	5003.38	25.37
全国进口钢材	2448.83	3716.85	1268.02	51.78
全国出口钢材	545.50	695.57	150.07	27.52
全国进口钢（锭）坯	468.69	593.46	124.77	26.62
全国进口废钢	785.30	929.24	143.94	18.33
全国进口铁矿石	11148.57	14812.84	3664.27	32.87
全国出口钢（锭）坯	135.16	149.09	13.93	10.31
全国出口生铁	39.68	71.47	31.79	80.13
全国出口焦炭	1357.03	1472.11	115.08	8.48

9.1.1　铁、钢、材产量大幅度提高[1,2]

2002 年我国钢产量占世界钢产量 20.18%，2003 年为 23.04%，提高 2.86%。

此外，据中国钢铁工业协会报道：2004 年，我国产铁量近 2.5 亿 t；产钢量达近 2.7 亿 t；2005 年产钢量将超过 3 亿 t；2010 年将达 3.3 亿 t。

9.1.2　市场需求旺盛，钢铁产品进出口贸易活跃

由表 9-2 可知，近年来，进口钢材，钢坯，废钢数量相当大。而出口量较大的是焦炭。

由于原料煤供应紧张，质量有所下降。2003 年大、中型钢铁企业平均高炉入炉焦比 430.07kg/t，比 2002 年上升 13.11 kg/t；喷煤比 117.71kg/t，比 2002 年下降 8.04kg/t；炼铁工艺能耗 464.10kg 标准煤/t，比 2002 年上升 12.10kg 标准煤/t。

9.1.3　炼焦煤和高炉焦炭产耗现状

2003 年焦炭产量和炼焦煤耗量以及 2004 年预计焦炭产量见表 9-3。

表 9-3　2003 年焦炭产量和炼焦煤耗量以及 2004 年预计焦炭产量

项　　目	重量/万 t	备　　注
2003 年中国焦炭产量	17775	约占世界总产量 45%，相当于十五个产钢大国总和
2003 年中国消耗焦炭	16303	相当于十大钢铁大国消耗焦炭量之总和
2003 年中国耗炼焦精煤	25000	—
炼焦煤不足，进口量	260	—
2004 年产焦炭	20000	—

2003 年新增加焦炉生产能力 2100 万 t。2004 年投产焦炉将产 3000 多万吨焦炭。焦炉能力可满足钢铁产量增加的需要；而

炼焦煤资源不足，应减少焦炭和炼焦煤出口，并适当进口炼焦煤。

总体而言，近年来钢铁生产形势良好，今后仍将有持续发展的空间。但炼焦煤供销不平衡，今后可能仍将继续增加进口炼焦煤的数量。

9.2　目前焦化企业存在影响炼焦煤和焦炭质量的问题

大中型焦化企业存在影响炼焦煤和焦炭质量的问题如下：

（1）计划经济时期确定的原供煤基地已有很大变化。如原确定的多数供煤点的煤炭储量和产量已不能按需供应；即使仍在生产的煤矿，煤质随采煤部位变化而变化；更重要的是随市场经济的兴起，使供煤点大幅度增加，使企业原来一套设施和管理难以适应。

（2）由于采煤不能按计划有序采掘，使同一地区供煤点的质量不稳定。由此导致焦炭质量不稳定。

（3）洗煤厂往往为了追求利润，利用目前炼焦煤分类存在的缺陷，将廉价炼焦煤混配成较高价格的煤种，先混后洗，而且混配的比例不稳定。这种情况最多的是混配成煤质指标符合煤分类中的主焦煤。这样配成的主焦煤当然在配煤中不可能起主焦煤的作用，从而使传统的经验配煤技术失效。

（4）由于供煤点大幅度增多，煤场不可能为此而扩大。由此，使煤场中同一煤堆中的来煤的供煤点增多，使同一煤堆中煤的性质差别增大，从而导致焦炭质量不稳定。

（5）由于近期以来，炼焦煤供应紧张，使煤场存煤量减少。有时甚至到了来什么煤用什么煤的地步。这样的局面根本谈不上提高焦炭质量和稳定焦炭质量的问题。

以上列述的问题中，有些不是科技人员凭努力所能解决的。科技人员和企业有责任向国家、省、地区的有关部门反复地反映，以期获得逐步解决。

9.3 当前煤焦科研工作趋向

已如前述，近年来冶金行业的生产形势应该认为空前的兴旺，包括煤焦行业。但煤焦领域的科研工作却在萎缩。不但国内如此，国外几乎也是如此。对此，可能有如下一些原因：

（1）有人认为煤焦是百年的老专业，需要解决和能解决的均已解决。余下的问题不多，或难以解决。煤焦在科技界算得上是块硬骨头，要前进一步确实不容易，正因为创新不易，创新才显得更可贵。

（2）认为高炉炼铁终将为直接还原和熔融还原的新法炼铁所替代。对此，国际权威人士宣布高炉炼铁预计 50 年内不能由新法炼铁替代。

（3）国际上有关煤焦的期刊陆续合并或停刊，连 20 世纪 90 年代才创刊的《Coke-Making International》也于近年停刊。这从另一侧面提示：国外的煤焦科研工作也确是不兴旺，但我们是不是也应跟着萎缩呢？答案是明确的：前述数字已说明，中国不应跟着萎缩。各国有自己国家的国情。中国目前已有这么大的钢、铁产量，而且今后还可能再进一步发展，煤焦的需要量也必然会随之进一步增加。更何况煤焦领域已如前述，还存在不少需要解决的问题。

9.4 面对现实，煤焦科研工作的任务

煤焦科研工作的任务有以下 10 种：

（1）目前的煤焦领域工作要有突破性进展，难度确实大。但在实际工作中，感到煤焦科技工作者对基础知识不够重视，这样，使本来也许有条件逐步解决的问题，迟迟不能解决。这首先要从全面而深入掌握炼焦煤和焦炭的性质入手。

（2）由于煤焦生产的基数甚大。只要有些微进展，经济效益和社会效益均极为可观。因此，不要轻易放过任何煤焦领域中存在的任何小问题。

（3）首先应竭尽全力解决9.2章节中所述有关的技术问题。

（4）剖析原有配煤技术存在的问题，然后结合本企业实际，均有可能提出较科学配煤方法。

（5）在配煤中，研究各种方法，尽量少配用中变质程度、强黏结性煤，以期延长此类煤的使用年限。这不仅是企业经济效益的需要，也是国家合理利用有限地下资源的需要。

（6）现行高炉焦炭质量指标肯定对焦炭在高炉中劣化过程不同程度地缺乏模拟性，进一步完善高炉焦炭指标，不仅对企业能降低焦炭原料成本；对国家能保护煤炭资源合理利用；而且在学术上也将做出巨大贡献。

（7）除了研究配煤新方法，也应研究，或推行已证明行之有效的备煤新方法、新工艺，如配型煤，捣固工艺和干熄焦等，使一次性投资更低，效果更好，推广更容易。

（8）焦化企业在地球表面是重要的污染源，这样长期地大量地生产焦炭，为了保护人类健康，务必研究新的投资低、占地少、效率高的水和空气的除污和用污方法。

（9）国内高炉容积差别十分悬殊，而所用焦炭几乎不分等级。往往高炉对焦炭质量提出不尽适宜的要求。这样现状的弊端是显而易见的，即浪费严重。这其间虽无高深技术问题，然而，科技人员必须在国家政策明确支持下才有可能完成这样的科研任务，使不同容积的高炉按规定使用相应质量的焦炭。

（10）为了保护本国有限的煤炭资源，应该停止出口炼焦煤和焦炭。适当进口适用的炼焦煤。为此，需要研究主要炼焦煤出口国的煤炭资源。以期有选择地获得其最佳配伍特性，最佳焦炭质量和最高的经济效益。

参 考 文 献

1　楼辉映.钢铁经济学.新疆:新疆大学出版社,1999
2　楼辉映.新疆钢铁概论.新疆:新疆大学出版社,2005

后　记

书稿已落成，余意却未尽。

熟悉我的同行和朋友们也许会问，在科研领域 50 多年，步入老年，为什么还花费这么大劲撰写这么一本书？是的，为写此书确曾犹豫再三。主要原因是近 20 年科研工作最后所形成的概念对目前国内外尚在应用的、经典的、传统的焦炭质量指标有碰撞。我既没有能力促使企业全面地引用本书所提出的论点和技术，用生产试验来验证它的正确性，也没有能力将已形成的概念挥之即去。因此，我想成书会比发表论文流传时间能长些，读者的面会更扩大些。一旦认同的人增多，进行生产性创新试验的客观条件有所改变，那时，也许在我退出科研工作后仍有可能实现我未竟的愿望。我不奢望本书发行后会立即产生效应，只希望有一天，这些概念在生产中见效，对有关行业的某些方面有所改观。这就是我写此书的惟一初衷。

周师庸
2005 年 2 月

一、煤岩显微组分图片（11张）

图片1　结构镜质体，油浸，500倍

图片2　无结构镜质体，油浸，500倍

图片3　基质镜质体，油浸，500倍

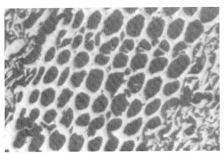

图片4　丝质体，油浸，500倍

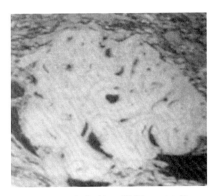

图片5　粗粒体，油浸，500倍

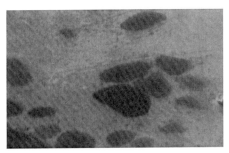

图片6　树脂体，油浸，500倍

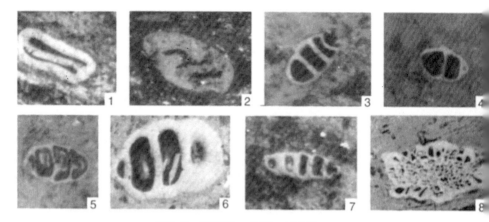

图片 7　巩膜体，油浸，500 倍

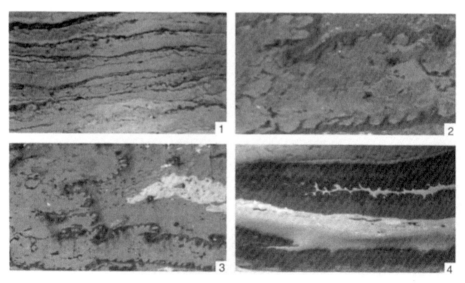

图片 8　角质体，油浸，500 倍

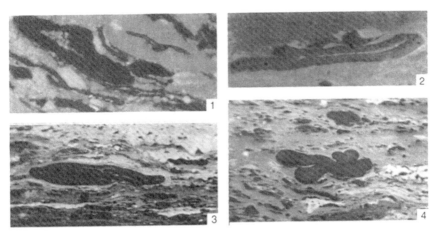

图片 9 孢子体，油浸，500 倍

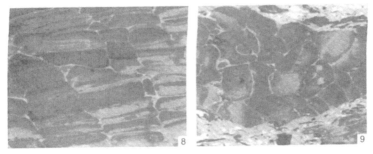

图片 10 木栓体，油浸，500 倍

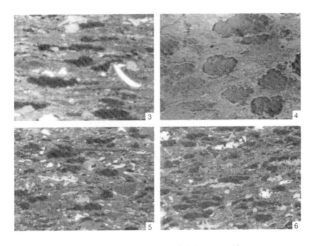

图片 11 藻类体，油浸，500 倍

二、荧光显微结构图片（8张）

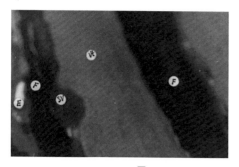

图片 12　开滦唐山煤（$\bar{R}_{\max}=0.90$）中的镜质组（Vt）、半镜质组（SV）、丝质组（F）和壳质组（E）。蓝光激发，油浸，160 倍

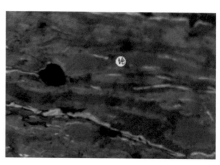

图片13　蓝光激发枣庄矿物局魏庄煤的基质镜质体（在普通反射光下不显示结构）。油浸，160 倍

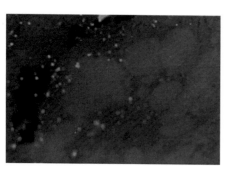

图片 14　开滦唐山煤（$\bar{R}_{\max}=0.90$）镜质组中隐含树脂体，油浸，160 倍

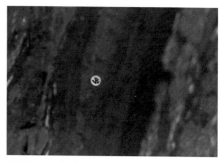

图片 15　枣庄矿物局魏庄煤镜质体，蓝光激发，油浸，160 倍

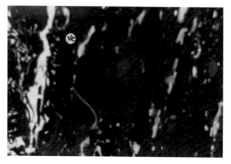

图片 16　兖州南屯煤的基质镜质体，蓝光激发，油浸，160 倍

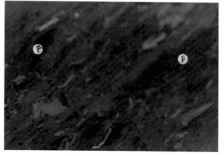

图片 17　开滦唐山煤中两种颜色的丝质体，蓝光激发，油浸，160 倍

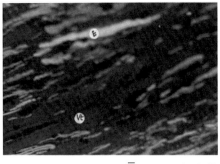
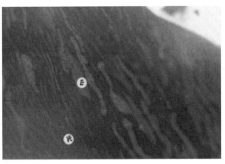

图片 18　开滦唐山煤（$\overline{R}_{max}$=0.90）中的镜质组和壳质组，蓝光激发。油浸，160 倍

图片 19　富强煤（$\overline{R}_{max}$=1.27）中的镜质组和壳质组，蓝光激发。油浸，160 倍

三、喷吹煤的显微结构图片（4 张）

图片 26　煤 A 的镜质组和丝质组，油浸，500 倍

图片 27　无烟煤的镜质组，油浸，500 倍

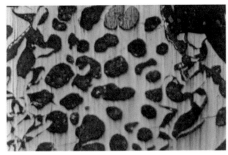

图片 28　神府烟煤的丝质组，油浸，500 倍

图片 29　无烟煤的丝质组，油浸，500 倍

四、焦炭显微结构图片（6张）

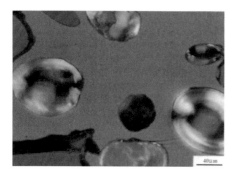

图片 20　各向同性，油浸，500 倍

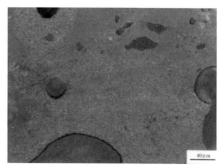

图片 21　细粒镶嵌，油浸，500 倍

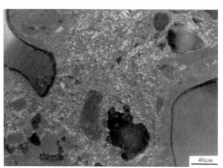

图片 22　粗粒镶嵌，油浸，500 倍

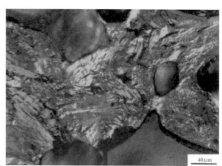

图片 23　流动状，油浸，500 倍

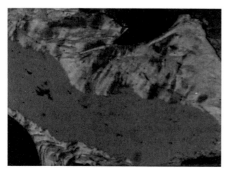

图片 24　叶片状，油浸，500 倍

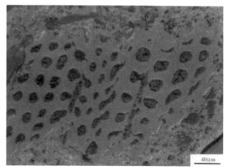

图片 25　类丝炭，油浸，500 倍

五、残炭的显微结构图片（18张）

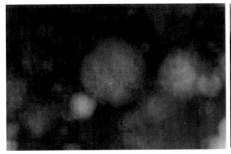

图片 30 无孔球体未燃残炭，油浸，320 倍

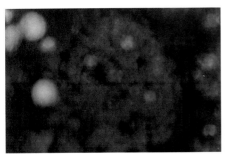

图片 32 厚壁多孔球体部分燃残炭，油浸，320 倍

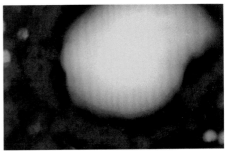

图片 33 单孔薄壁部分燃残炭，油浸，320 倍

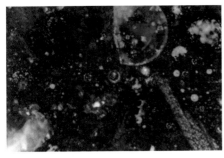

图片 34 单孔球体未燃残炭，油浸，320 倍

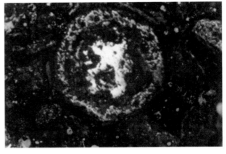

图片 35 单孔薄壁球体，薄壁上发育二次气孔的部分燃残炭，油浸，320 倍

图片 36　多孔厚壁未燃残炭，油浸，
320 倍

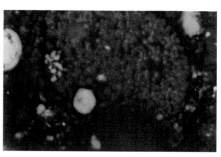

图片 37　多孔厚壁部分燃残炭，油浸，
320 倍

图片38　三种不同类型球体残炭,油浸,
320 倍

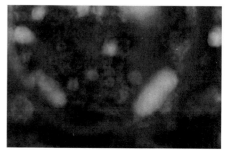

图片39　未燃球体残炭,含一、二次气孔,
油浸，320 倍

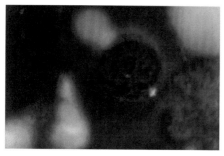

图片 40　未燃多孔球体残炭，油浸，
500 倍

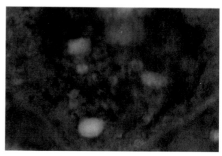

图片 41　球体内部气孔燃、表面未燃的
残炭，油浸，320 倍

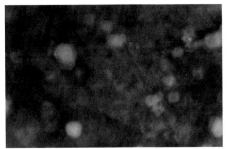

图片 42　颗粒锐角变钝的烟煤半镜质组
或贫煤镜质组衍生的残炭，油浸，320 倍

图片 43　颗粒锐角变钝的烟煤半镜质组
或贫煤镜质组衍生的残炭，油浸，200 倍

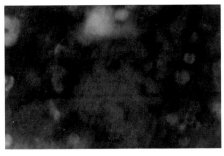

图片 44　由无烟煤镜质组衍生的未燃残
炭，油浸，320 倍

图片 45　由无烟煤衍生的残炭，油浸，
200 倍

图片46　部分燃的无烟煤镜质组经高温
炸裂的残炭，油浸，200 倍

图片47　经高温炸裂部分燃无烟煤残炭，
油浸，320 倍

六、从高炉顶逸出焦末、残炭、炭黑和矿粉显微结构图片（6张）

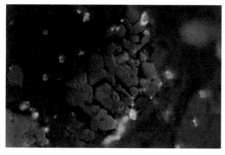

图片48　一次灰中无烟煤镜质组经高温炸裂的残炭，油浸，500倍

图片49　悬浮物中炭黑，油浸，500倍

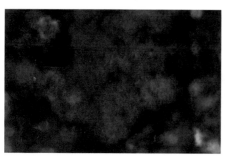

图片50　圆浑形残炭，油浸，320倍

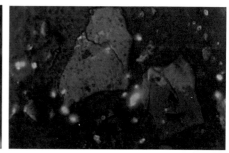

图片51　一次灰中矿粉和焦末，油浸，500倍

图片52　二次灰中矿粉，油浸，500倍

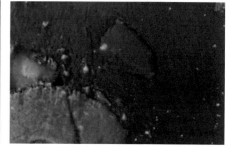

图片53　二次灰中无烟煤残炭和焦末，油浸，500倍

七、大同侏罗纪块煤线理状显微图片（7张）和其成焦后的扫描电镜图片（2张）

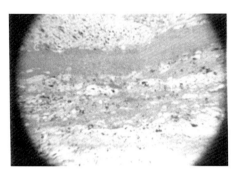

图片 54　宏观线理状大同块煤显微图像，油浸，500 倍

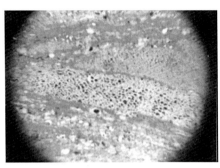

图片 55　宏观线理状大同块煤显微图像，油浸，500 倍

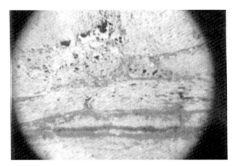

图片 56　宏观线理状大同块煤显微图像，油浸，500 倍

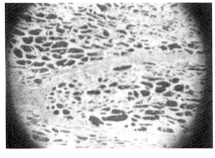

图片 57　宏观线理状大同块煤显微图像，油浸，500 倍

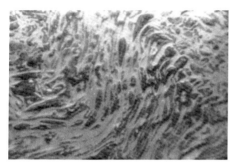

图片 58 宏观线理状大同块煤显微图像，油浸，500 倍

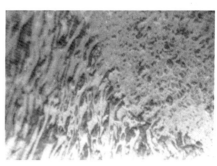

图片59 宏观线理状大同块煤显微图像，油浸，500 倍

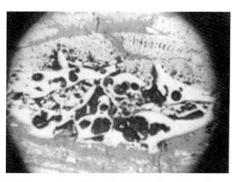

图片 60 宏观线理状大同块煤显微图像，油浸，500 倍

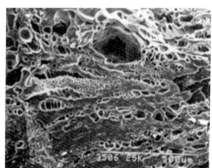

图片61 大同线理状块煤所形成的焦炭扫描电镜图像

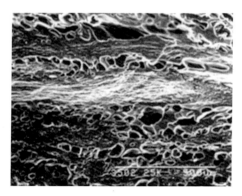

图片 62 大同线理状块煤所形成的焦炭扫描电镜图像